数 学 入 門

橋口秀子・星野慶介・山田宏文 共著

$y = \sin x$

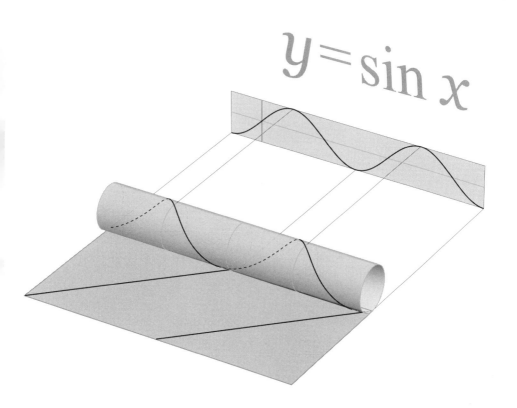

学術図書出版社

目　　次

注：節番号に付された星印 * は，その節の内容を知らなくても後続の節・章を理解するうえで支障がないことを意味する．本文中の例題や問いに付された星印 * も同様である．

1 式・文字式・関数

1.1　計算の基本的な規則・法則

この節では，計算の基本的な規則，法則を確認していこう.

> **計算順序の規則**　計算は以下の (1), (2), (3) の順序に計算する.
>
> (1) 括弧 (　) の中を計算する.
>
> (2) × と ÷ を計算する.
>
> (3) ＋ と － を計算する.

計算式を書くときの注意として，$\times, \div, +, -$ の直後に $-a$ の形の数が続くとき，$\times(-a), \div(-a), +(-a), -(-a)$ のように括弧をつけなければいけない. また × は，· と書いたり，括弧の前では省略したりすることもある.

> **例題 1.1**
>
> 次の計算をせよ.
>
> (1)　$5 - 3 \div \left(\dfrac{1}{2} - 2 \right)$　　　(2)　$4 \left\{ -(-3)^2 \times \dfrac{1}{3} + 2 \right\}$

解答

(1)　$5 - 3 \div \left(\dfrac{1}{2} - 2 \right) = 5 - 3 \div \left(-\dfrac{3}{2} \right) = 5 - 3 \times \left(-\dfrac{2}{3} \right) = 5 + 2 = 7$

(2)　$4 \left\{ -(-3)^2 \times \dfrac{1}{3} + 2 \right\} = 4 \left(-9 \times \dfrac{1}{3} + 2 \right) = 4 \cdot (-1) = -4$

ここで，$4 \cdot (-1)$ のところを 4×-1 や $4 \cdot -1$ のように括弧を省略して書いてはいけない.

問 1.1　次の計算をせよ.

(1) $1 - \left(\dfrac{1}{2} + \dfrac{1}{3}\right) \times \dfrac{1}{5}$　　(2) $3 + \left(1 - \dfrac{1}{2}\right) \times (-1)$

(3) $\dfrac{3}{4} + \left(\dfrac{1}{6} \times 5 - 1\right)$　　(4) $\dfrac{15}{2} \div \left(\dfrac{1}{3} + \dfrac{1}{6} \div \dfrac{3}{4}\right)$

(5) $4 \div 0.01 \times 0.2$　　(6) $2 \div \{(0.95 - 1) \div 0.1\}$

文字を含む式（文字式）の計算では，以下の表記の原則に従って書こう.

文字式の表記の原則

(1) 乗法の記号 × は省略する.

(2) 文字と数字の積でできている項は，数字，文字の順に書き，
文字はアルファベット順に書く.

(3) $a \times a$ などはまとめて a^2 のような形に書く.

(4) 除法は $a \div b$ のかわりに，分数の形で $\dfrac{a}{b}$ と書く.

例題 1.2

次の式を，× や ÷ を用いないで表せ.

(1) $a \times b \times a \times a \times 3 \div 2$　　(2) $3 \div (x + y) \times x \div y + 1$

解答　まず，掛け算は掛け算どうし，割り算は割り算どうしでまとめよう.

(1) $a \times b \times a \times a \times 3 \div 2 = 3a^3 b \div 2 = \dfrac{3}{2}a^3 b \quad \left(\text{または } \dfrac{3a^3 b}{2}\right)$

(2) $3 \div (x + y) \times x \div y + 1 = 3x \div (x + y) \div y + 1 = \dfrac{3x}{y(x + y)} + 1$

問 1.2　次の式を，× や ÷ を用いないで表せ.

(1) $a \times a \times 2 - 1 \div b$　　(2) $x + y \div x \div x \times 2$

(3) $4 \div z \times x \times (y + 1)$　　(4) $3 \div (y \times x + z \times 2)$

(5) $1 \div b \div a \div b \times c \div 3$　　(6) $1 + (a \times 3 + 1) \times (1 + 3 \times a)$

(7) $x \div 2b \div \dfrac{y}{3}$　　(8) $2 \div 3x + 1 \times x \div (a + b)$

逆に，× や ÷ が省略された式の意味がわかるようにしよう．

例題 1.3

次の式を，× や ÷ を用いて表せ．

(1) $x(2x+1)^3$ (2) $\dfrac{1}{kl^2-3}$

解答

(1) $x(2x+1)^3 = x \times (2 \times x + 1) \times (2 \times x + 1) \times (2 \times x + 1)$

(2) $\dfrac{1}{kl^2-3} = 1 \div (k \times l \times l - 3)$

問 1.3 次の式を，× や ÷ を用いて表せ．

(1) $5(x+1)^2$ (2) $\dfrac{1}{a^2+1}$ (3) $\left(s+\dfrac{1}{t}\right)^2$

(4) $1+\dfrac{x-y}{2}$ (5) $\dfrac{a^2+b^2}{a+b}$ (6) $\dfrac{a}{bc^2}$

(7) $\dfrac{2xy}{(x+y)^2}$ (8) $\dfrac{3s}{t^2}+\dfrac{t^2}{3s}$ (9) $\dfrac{3p-q}{r^2+1}$

計算式に括弧がある場合，括弧の中を始めに計算する方法のほか，次の**分配法則**を用いて括弧をはずして計算する方法がある．

分配法則

$$a(b+c) = ab + ac$$
$$(a+b)c = ac + bc$$

上の分配法則における左辺から右辺への書き換えを**展開**という．展開により，計算が簡単になることがある．また逆に，分配法則を用いて右辺から左辺へ書き換えて括弧でくくることにより，計算がより簡単になる場合もある．次の例題をみてみよう．

―― 例題 1.4 ――――――――――――――――――

次の式を，なるべく簡単な方法で計算せよ．

(1) $\left(\dfrac{5}{6} - \dfrac{3}{8}\right) \times (-24)$ (2) 234×999 (3) $12 \times 5.3 + 8 \times 5.3$

解答

(1) 括弧の中をまず計算するより括弧をはずす方が計算が簡単になる．

$$\left(\frac{5}{6} - \frac{3}{8}\right) \times (-24) = \frac{5}{6} \times (-24) - \frac{3}{8} \times (-24)$$
$$= 5 \times (-4) - 3 \times (-3) = -20 + 9 = -11$$

(2) $999 = 1000 - 1$ を用いて，さらに分配法則で展開すると，

$$234 \times 999 = 234 \times (1000 - 1) = 234 \times 1000 - 234$$
$$= 234000 - 234 = 233766$$

(3) 分配法則を用いて与式を 5.3 でくくる（展開の逆）と，

$$12 \times 5.3 + 8 \times 5.3 = (12 + 8) \times 5.3 = 20 \times 5.3 = 106$$

―――――――――――――――――――――――――――――

問 **1.4**　次の式を，なるべく簡単な方法で計算せよ．

(1) $\left(\dfrac{1}{2} - \dfrac{2}{3}\right) \times (-6)$ (2) $\left(3 - \dfrac{3}{5}\right) \times 15$

(3) 99×0.08 (4) 0.532×1001

(5) $11.4 \times 8 + 8.6 \times 8$ (6) $0.99 \times 0.54 + 0.01 \times 0.54$

―――――――――――――――――――――――――――――

―― 例題 1.5 ――――――――――――――――――

次の式を計算せよ．

(1) $2x - 3 - x(1 - 5x)$ (2) $\dfrac{3}{2}(a + 2b) - \left(\dfrac{a}{2} - b\right)$

解答　分配法則を用いて計算する．

(1) $2x - 3 - x(1 - 5x) = 2x - 3 - x \times 1 - x \times (-5x)$
$$= 2x - 3 - x + 5x^2 = 5x^2 + x - 3$$

(2) $\dfrac{3}{2}(a + 2b) - \left(\dfrac{a}{2} - b\right) = \dfrac{3}{2}a + 3b - \dfrac{1}{2}a - (-b)$
$$= \left(\frac{3}{2} - \frac{1}{2}\right)a + (3 + 1)b = a + 4b$$

問 **1.5** 次の式を計算せよ.

(1) $2(3x + 4) + 3(1 - x)$ (2) $t(3t - 1) - (2t^2 + 1)$

(3) $2\{-(-a) + 1\} - a$ (4) $2x - 3\{x^2 - 1 - 3(x^2 - x - 1)\}$

(5) $\dfrac{1}{2}(a + 2b) - a + \dfrac{1}{3}(3a - b)$ (6) $(6x^2y - 9xy) \times \left(-\dfrac{1}{3xy}\right)$

1.2 等式・方程式

数量が等しい関係を $=$ を用いて表した式を**等式**という. まず, 等式の性質について整理しよう.

等式の性質

(1) $A = B$ ならば $B = A$

(2) $A = B$ ならば $A + C = B + C$

(3) $A = B$ ならば $A - C = B - C$

(4) $A = B$ ならば $AC = BC$

(5) $A = B, C \neq 0$ ならば $\dfrac{A}{C} = \dfrac{B}{C}$

(6) $A = B(\neq 0)$ ならば $\dfrac{1}{A} = \dfrac{1}{B}$

等式の性質 (2), (3) を用いて, 等式の一方の辺にある項を, 符号を変えて他の辺に移すことを**移項**するという. たとえば, 等式 $x - 6 = 2$ において,

$$
\begin{aligned}
x - 6 &= 2 \qquad \cdots \text{①} \\
x - 6 + 6 &= 2 + 6 \qquad \text{(等式の性質 (2) を用いて } C = 6 \text{ を両辺に加えた)} \\
x &= 2 + 6 \qquad \cdots \text{②} \\
&= 8
\end{aligned}
$$

と変形できるが, これは ① の左辺の -6 を右辺に移項して ② に変形できることを表している.

この $x - 6 = 2$ のように, 文字を含む等式を**方程式**といい, 方程式を成り立たせるような文字の値(**解**という)をすべて求めることを, 方程式を**解く**という. 方程式 $x - 6 = 2$ の解は $x = 8$ である.

例題 1.6

次の方程式を解け.

(1) $1 + \dfrac{1}{x+1} = 3$ (2) $9(x+3) = \dfrac{1}{x+3}$

(3) $5(x-2)+1 = 5x-9$ (4) $\dfrac{2}{x+1} = 0$

解答

(1) $1 + \dfrac{1}{x+1} = 3$ において,1 を移項して

$$\dfrac{1}{x+1} = 3 - 1 = 2$$

両辺に $x+1$ を掛けて $1 = 2(x+1)$

左右を交換して $2(x+1) = 1$

$$2x = 1 - 2 = -1$$

したがって,解は $x = -\dfrac{1}{2}$

(2) $9(x+3) = \dfrac{1}{x+3}$ の両辺に $x+3$ を掛けて分母を払い,

$$9(x+3)^2 = 1$$

両辺を 9 で割って $(x+3)^2 = \dfrac{1}{9}$

よって $x+3 = \pm\dfrac{1}{3}$

したがって,解は $x = -3 \pm \dfrac{1}{3}$

すなわち $x = -\dfrac{10}{3},\ -\dfrac{8}{3}$

(3) $5(x-2)+1 = 5x-9$ の左辺の括弧をはずせば,$5x-9 = 5x-9$.
左辺と右辺が同じ式だから,x にどんな実数を代入してもこの等式
は成り立つ.したがって,解は 実数全体 である.

(4) $\dfrac{2}{x+1} = 0$ の両辺に $x+1$ を掛けて分母をはらうと

$$2 = 0$$

を得る.しかし $2 = 0$ は誤りであり,そのもととなった問題の式も誤
りであることがわかる.つまりどんな実数 x に対しても $\dfrac{2}{x+1} = 0$
は成り立たず,答えは 解なし である.

例題 1.6 (3) のような，どんな実数を代入しても成り立つ方程式は**恒等式**と呼ばれる．

問 1.6 次の方程式を解け．

(1) $5x + 1 = 7x - 3$ (2) $2(1 - x) = x - 10$ (3) $\dfrac{1}{2}(x + 1) = 3 + x$

(4) $\dfrac{x + 1}{2} - \dfrac{x}{3} + 1 = 0$ (5) $\dfrac{x - 1}{x + 1} = 3$ (6) $\dfrac{1}{2x - 1} + 1 = 2$

(7) $\dfrac{3}{(x - 1)^2} = 0$ (8) $\dfrac{1}{x} = \dfrac{x}{4}$ (9) $\dfrac{1}{x - 1} = \dfrac{x - 1}{4}$

(10) $\dfrac{x}{2} + 1 = \dfrac{x + 3}{2} - \dfrac{1}{2}$ (11) $1 - \dfrac{x}{x + 1} = \dfrac{1}{x + 1}$ (12) $\dfrac{2x + 1}{3} = \dfrac{2}{3}x + 1$

等式の性質に基づく式変形は幅広く用いられる．一般に等式に現れる特定の文字，たとえば a についてその等式を $a =$「a の現れない式」に変形することを，a について**解く** という．

例題 1.7

次の式を〔 〕の中に示された文字について解け．

(1) $ab + bc + ca = 1$ 〔a〕 (2) $1 + \dfrac{1}{x} = \dfrac{1}{y}$ 〔y〕

解答

(1)
$$ab + bc + ca = 1$$
$$(b + c)a = 1 - bc$$
$$a = \frac{1 - bc}{b + c} \quad (\text{ただし，} b + c \neq 0)$$

(2) $1 + \dfrac{1}{x} = \dfrac{1}{y}$ の左辺と右辺を交換して，

$$\frac{1}{y} = 1 + \frac{1}{x} = \frac{x}{x} + \frac{1}{x} = \frac{x + 1}{x}$$

両辺の逆数をとって（等式の性質 (6)），

$$y = \frac{x}{x + 1} \quad (\text{ただし，} x + 1 \neq 0 \text{ つまり } x \neq -1)$$

問 **1.7**　次の式を〔　〕の中に示された文字について解け.

(1)　$ab + 1 = a$　　　　　〔a〕　　(2)　$xy = 4x + 5$　　　　　〔x〕

(3)　$y = a\left(x - \dfrac{k}{3}\right)$　〔k〕　　(4)　$\dfrac{1}{a} + \dfrac{1}{b} = 1$　　　〔b〕

(5)　$ab + a + b + 1 = 0$　〔b〕　　(6)　$x^2 + xy - 2x - 2y = 0$　〔y〕

(7)　$1 + x = \dfrac{1}{y} - 5$　〔y〕　　(8)　$\dfrac{1}{y+1} = \dfrac{1}{x} + 1$　〔y〕

1.3　連立 1 次方程式

x, y に関する 1 次方程式の組　　$\begin{cases} ax + by = p \\ cx + dy = q \end{cases}$

を**連立 1 次方程式**といい, 組にしてある方程式のどれをも同時に成り立たせる変数の値の組を連立 1 次方程式の解という. 連立 1 次方程式は, 変形で変数を消去して解く.

── 例題 1.8 ──

次の連立 1 次方程式を解け.

(1)　$\begin{cases} 2x + 3y = -4 \\ 5x + \ y = \ \ 3 \end{cases}$　　(2)　$\begin{cases} 2x + 3y = -4 \\ 4x + 6y = -8 \end{cases}$　　(3)　$\begin{cases} 2x + 3y = -4 \\ 4x + 6y = \ \ 4 \end{cases}$

解答

(1)　$\begin{cases} 2x + 3y = -4 \quad \cdots ① \\ 5x + \ y = \ \ 3 \quad \cdots ② \end{cases}$　とおく.

① $-$ ② $\times 3$　（① の両辺から ② の両辺を 3 倍したものを辺々引く）より,

① 式の $3y$ が消去され,　　　　　$-13x = -13$

となる. よって　　　　　　　　　$x = 1$

これを ② 式に代入して　　　　　$5 + y = 3$

となり, y について解くと　　　　$y = -2$

よって, 解は　$x = 1, y = -2$　である.

(2) $\begin{cases} 2x + 3y = -4 & \cdots ① \\ 4x + 6y = -8 & \cdots ② \end{cases}$ とおく.

② − ① × 2 より, ② 式の $4x, 6y$ が消去され,

$$0 = 0$$

となる. つまり ② 式は ① 式の両辺を 2 倍したものであり, ① 式
をみたす x, y と ② 式をみたす x, y は一致するから, 連立 1 次方程
式は ① 式のみに帰着される. つまり解は $2x + 3y = -4$ をみたす
(x, y) の組全体 である.

（たとえば, $x = 0$ に対しては, $2x + 3y = -4$ に代入して $3y = -4$, これを y について
解くと $y = -\dfrac{4}{3}$ となり, $(x, y) = \left(0, -\dfrac{4}{3}\right)$ が 1 つの解の組であることがわかる. こ
のように x の値を決めると y の値が 1 つ決まり, 解の組は無数に存在することがわかる.）

(3) $\begin{cases} 2x + 3y = -4 & \cdots ① \\ 4x + 6y = \ \ 4 & \cdots ② \end{cases}$ とおく.

② − ① × 2 より, ② 式の $4x, 6y$ が消去され,

$$0 = 12 \cdots ③$$

となる. ある x, y の値に対して ① 式と ② 式が同時に成り立つなら
ば, ③ も成り立つはずである. しかし ③ 式は誤った式であるから,
① 式と ② 式を同時に成り立たせる x, y も存在しない. よって答え
は, 解なし となる.

問 1.8 次の連立 1 次方程式を解け.

(1) $\begin{cases} x + \ y = 1 \\ 2x - 3y = 12 \end{cases}$ (2) $\begin{cases} 2x - \ y = -5 \\ 3x - 3y = -9 \end{cases}$ (3) $\begin{cases} x - \ y = 1 \\ 3x - 3y = 4 \end{cases}$

(4) $\begin{cases} 4x - \ y = -3 \\ -8x + 2y = \ 6 \end{cases}$ (5) $\begin{cases} 6x + 3y = -3 \\ 2x + \ y = -1 \end{cases}$ (6) $\begin{cases} 5x + 5y = \ 3 \\ x + \ y = -1 \end{cases}$

1.4 平方根

等式 $\boxed{}^2 = a$ における $\boxed{}$ に当てはまる数，つまり，2乗すると a になる数を，a の**平方根**という．$a > 0$ のとき，a の平方根は正と負の2つがあり，正の方を $\sqrt{a}$，負の方を $-\sqrt{a}$ で表す．0 の平方根は 0 のみである．a が負のとき，a の平方根は実数の範囲には存在しない．

$a, b \geqq 0$ のとき，平方根には次の性質がある．

平方根の性質

(1) $\sqrt{a}\sqrt{b} = \sqrt{ab}, \quad \dfrac{\sqrt{a}}{\sqrt{b}} = \sqrt{\dfrac{a}{b}}$

(2) $k > 0$ のとき，$\sqrt{k^2 a} = k\sqrt{a}$

(3) $m\sqrt{a} + n\sqrt{a} = (m + n)\sqrt{a}$

$\boxed{!}$ $\sqrt{a} + \sqrt{b} = \sqrt{a + b}$ は成り立たない．

【分母の有理化】 分母が $\sqrt{}$ を含む式のとき，分母と分子に同じ数を掛けて分母に $\sqrt{}$ が含まれない形に変形することを**分母の有理化**という．たとえば，

$$\frac{3}{\sqrt{2}} = \frac{3 \times \sqrt{2}}{\sqrt{2} \times \sqrt{2}} = \frac{3\sqrt{2}}{2}$$

は，分母の有理化の簡単な例である．次に，もう少し複雑な場合の有理化の方法を説明しよう．分配法則により

$$(a + b)(a - b) = a(a - b) + b(a - b) = a^2 - ab + ba - b^2 = a^2 - b^2$$

が成り立つことに注意して，たとえば，$\dfrac{\sqrt{10}}{2 + \sqrt{5}}$ の分母を有理化すると

$$\frac{\sqrt{10}}{2 + \sqrt{5}} = \frac{\sqrt{10} \times (2 - \sqrt{5})}{(2 + \sqrt{5}) \times (2 - \sqrt{5})} = \frac{2\sqrt{10} - \sqrt{10}\sqrt{5}}{2^2 - (\sqrt{5})^2}$$

$$= \frac{2\sqrt{10} - 5\sqrt{2}}{4 - 5} = -2\sqrt{10} + 5\sqrt{2}$$

となる．平方根の計算ではまず分母を有理化してから式を簡単にしよう．

例題 1.9

$3 \times \sqrt{\dfrac{3}{2}} - \dfrac{\sqrt{3}}{1 - \sqrt{2}}$ を簡単にせよ．

解答
$$3 \times \sqrt{\frac{3}{2}} - \frac{\sqrt{3}}{1-\sqrt{2}} = 3 \times \frac{\sqrt{3}}{\sqrt{2}} - \frac{\sqrt{3}(1+\sqrt{2})}{(1-\sqrt{2})(1+\sqrt{2})}$$

$$= 3 \times \frac{\sqrt{3} \times \sqrt{2}}{\sqrt{2} \times \sqrt{2}} - \frac{\sqrt{3}+\sqrt{6}}{1^2 - (\sqrt{2})^2}$$

$$= \frac{3}{2}\sqrt{6} - \frac{\sqrt{3}+\sqrt{6}}{-1} = \sqrt{3} + \frac{5\sqrt{6}}{2}$$

問 1.9 次の式を簡単にせよ.

(1) $\sqrt{16} - 1$

(2) $\sqrt{2} \cdot \sqrt{18}$

(3) $\dfrac{4}{\sqrt{2}} - \sqrt{2}$

(4) $\dfrac{\sqrt{12}}{\sqrt{3}}$

(5) $\dfrac{\sqrt{18}}{\sqrt{2}}$

(6) $\sqrt{7}\left(2\sqrt{7} + \dfrac{1}{\sqrt{7}}\right)$

(7) $\sqrt{3}(\sqrt{27} - \sqrt{12})$

(8) $\dfrac{1}{\sqrt{2}}(2+\sqrt{2})$

(9) $\sqrt{2}(2\sqrt{2} + \sqrt{6} - \sqrt{18})$

(10) $\dfrac{\sqrt{3}-1}{\sqrt{3}} + \sqrt{3} - 1$

(11) $\dfrac{7}{2\sqrt{2}} - \sqrt{2}$

(12) $\sqrt{\dfrac{2}{5}} \times 5 - \dfrac{2}{\sqrt{10}}$

(13) $\dfrac{1}{\sqrt{3}-1} - 2\sqrt{3}$

(14) $\dfrac{1-\sqrt{2}}{1+\sqrt{2}}$

(15) $\dfrac{\sqrt{10}}{\sqrt{5}-\sqrt{2}}$

1.5 関数とその値

変数 x の値を 1 つ決めると,それに対応して y の値がただ 1 つ決まるとき,y は x の**関数**であるといい,$y = f(x)$ のような記号で表す.また,関数 $y = f(x)$ の $x = a$ における値を $f(a)$ で表す.

例題 1.10

次のそれぞれの関数 $y = f(x)$ において,$f\left(-\dfrac{1}{3}\right)$ を求めよ.

(1) $f(x) = 3x^2 - 1$

(2) $f(x) = x - \dfrac{2}{x}$

解答

(1) $\quad f\left(-\dfrac{1}{3}\right) = 3 \times \left(-\dfrac{1}{3}\right)^2 - 1 = \dfrac{1}{3} - 1 = -\dfrac{2}{3}$

(2) $\quad f\left(-\dfrac{1}{3}\right) = -\dfrac{1}{3} - \dfrac{2}{-\dfrac{1}{3}} = -\dfrac{1}{3} + \dfrac{2 \times 3}{\dfrac{1}{3} \times 3} = -\dfrac{1}{3} + \dfrac{6}{1} = \dfrac{17}{3}$

問 **1.10** 次のそれぞれの関数 $y = f(x)$ において，$f(\sqrt{2})$, $f\left(-\dfrac{1}{2}\right)$ を求めよ.

(1) $f(x) = 8 - 6x$ (2) $f(x) = 4x - \sqrt{2}$ (3) $f(x) = x^2 + 1$

(4) $f(x) = \dfrac{1}{2}x^2 - \dfrac{1}{4}$ (5) $f(x) = \dfrac{1}{x} + 1$ (6) $f(x) = \dfrac{1}{x^3} - x$

(7) $f(x) = \dfrac{1}{x^2 + 1}$ (8) $f(x) = \dfrac{x}{1 - 2x^2}$ (9) $f(x) = \sqrt{x^2 + 1}$

$f(x)$ の x の部分には上のような具体的な数のほかに，いろいろな式をいれることもできる.

例題 1.11

次の関数 $y = f(x)$ において，それぞれ $f(1 - 2t)$, $f(f(x))$ を求めよ.

(1) $f(x) = 3x + 1$ (2) $f(x) = \dfrac{1}{x - 1}$

解答

(1) $f(1 - 2t) = 3(1 - 2t) + 1 = 3 - 6t + 1 = -6t + 4$

$f(f(x)) = f(3x + 1) = 3(3x + 1) + 1 = 9x + 3 + 1 = 9x + 4$

(2) $f(1 - 2t) = \dfrac{1}{1 - 2t - 1} = -\dfrac{1}{2t}$

$f(f(x)) = f\left(\dfrac{1}{x - 1}\right) = \dfrac{1}{\dfrac{1}{x - 1} - 1} = \dfrac{1}{\dfrac{1 - (x - 1)}{x - 1}} = \dfrac{1}{\dfrac{-x + 2}{x - 1}}$

$\quad = 1 \div \left(\dfrac{-x + 2}{x - 1}\right) = 1 \times \dfrac{x - 1}{-x + 2} = -\dfrac{x - 1}{x - 2}$

問 **1.11** 次の関数において，それぞれ $f(2k + 3)$, $f\left(\dfrac{1}{t}\right)$, $f(f(x))$ を求めよ.

(1) $f(x) = 2x - 3$ (2) $f(x) = \dfrac{x - 1}{2}$ (3) $f(x) = \dfrac{1}{x - 2}$

(4) $f(x) = \dfrac{1}{2x + 1}$ (5) $f(x) = x + \dfrac{1}{x}$ (6) $f(x) = \dfrac{x + 1}{2x - 1}$

1.6 直線の方程式

【$y = ax + b$ のグラフ】　　x の関数 y が

$$y = ax + b \quad (a \neq 0, b \text{ は定数})$$

の形のとき，y は x の **1 次関数** であるという.

$y = ax + b$ のグラフは点 $(0, b)$ を通り，直線 $y = ax$ と平行な直線である.a は x の値が 1 だけ増加すると，y の値が a だけ増加することを表している.a を直線 $y = ax + b$ の **傾き** とよぶ.また，直線 $y = ax + b$ と y 軸との交点の y 座標 b をその直線の **y 切片** とよぶ.

例題 1.12

x の関数 y が次の式で与えられているとき，それぞれの関数の傾きと y 切片を求め，その関数のグラフを描け.

(1)　$y = \dfrac{1}{2}x + 3$　　(2)　$x + 3y = -1$

解答

(1)　傾きは $\dfrac{1}{2}$，y 切片は 3 であり，グラフは下左図のようになる.

(2)　$x + 3y = -1$ を y について解いて，$y = -\dfrac{1}{3}x - \dfrac{1}{3}$，よって傾きは $-\dfrac{1}{3}$，y 切片は $-\dfrac{1}{3}$ である.グラフは下右図のようになる.

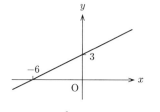

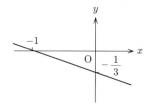

(1)　$y = \dfrac{1}{2}x + 3$　　　　(2)　$x + 3y = -1$

問 **1.12** x の関数 y が次の式で与えられているとき，それぞれの関数の傾きと y 切片を求め，その関数のグラフを描け．

(1) $y = x - 1$ (2) $y = -x + \sqrt{2}$ (3) $y = 4x - 4$

(4) $y = \dfrac{x-1}{2}$ (5) $2x - y = 4$ (6) $x + 3y + 3 = 0$

【$ax + by = c$ の表す直線】 x と y を対等に扱った 1 次方程式

$$ax + by = c \tag{1.1}$$

が与えられたとき，これをみたす点 (x, y) の全体を描くことを考えよう．

$a \neq 0, b \neq 0$ のときには (1.1) を y について解いて $y = -\dfrac{a}{b}x + \dfrac{c}{b}$ となるから，(1.1) をみたす点 (x, y) の全体は，傾き $-\dfrac{a}{b}$，y 切片 $\dfrac{c}{b}$ の直線となる．

では，$a = 0$ のときや，$b = 0$ のときの (1.1) をみたす点 (x, y) の全体は xy 平面上のどのような図形となるだろうか．

たとえば，方程式 $3y = 1$ の表す図形を考えよう．$3y = 1$ は，$ax + by = c$ において $a = 0, b = 3, c = 1$ の場合，つまり

$$0 \times x + 3 \times y = 1 \cdots\cdots (*)$$

の場合である．$(*)$ を y について解くと $y = \dfrac{1}{3}$ となり，$y = \dfrac{1}{3}$ のもとで x にはどんな値を代入しても $(*)$ は成り立つ．したがって，$(*)$ をみたす (x, y) の組を座標にもつ点すべてを xy 平面にうっていけば，点 $\left(0, \dfrac{1}{3}\right)$ を通り，x 軸に平行な直線となる．

一般に次が成り立つ．

$x = a$ をみたす点 (x, y) の全体 : 点 $(a, 0)$ を通り y 軸に平行な直線

$y = b$ をみたす点 (x, y) の全体 : 点 $(0, b)$ を通り x 軸に平行な直線

─ 例題 1.13 ─

次の方程式をみたす点 (x, y) の全体を xy 平面に描け.

(1) $3y = 1$　　(2) $x + 2 = 0$

解答

(1) 方程式 $3y = 1$ は $y = \dfrac{1}{3}$ となり, $y = \dfrac{1}{3}$ をみたす点 (x, y) の全体は点 $\left(0, \dfrac{1}{3}\right)$ を通り, x 軸に平行な直線 (下左図) となる.

(2) 方程式 $x + 2 = 0$ は $x = -2$ となり, $x = -2$ をみたす点 (x, y) の全体は点 $(-2, 0)$ を通り, y 軸に平行な直線 (下右図) となる.

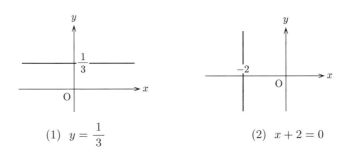

(1) $y = \dfrac{1}{3}$　　　　　　(2) $x + 2 = 0$

問 1.13　次の方程式をみたす点 (x, y) の全体を xy 平面に描け.

(1) $y = -3$　　(2) $4y - 8 = 0$　　(3) $3y = -1$　　(4) $5y = 0$

(5) $x = \sqrt{2}$　　(6) $x + 3 = 0$　　(7) $3x = 6$　　(8) $\dfrac{1}{3}x = 0$

【直線の方程式】　　直線は, 通る点 1 つと傾きが指定されると決まる. 点 $\mathrm{P}(x_1, y_1)$ を通り, 傾き m の直線の方程式を求めよう.

y 切片を n とおくと, その方程式は

$$y = mx + n \quad \cdots ①$$

とおける. これが, $\mathrm{P}(x_1, y_1)$ を通るから,

$$y_1 = mx_1 + n \quad \cdots ②$$

が成り立ち，① − ② より

$$y - y_1 = m(x - x_1)$$

が成り立つ．よって次がわかる．

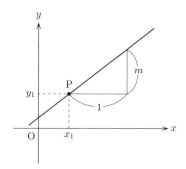

1 点を通り傾き m の直線

点 (x_1, y_1) を通り，傾き m の直線の方程式は

$$y - y_1 = m(x - x_1)$$

また，通る点が 2 つ指定されても直線は決まる．2 点 $P(x_1, y_1)$, $Q(x_2, y_2)$ を通る直線の方程式を求めよう．

$x_1 \neq x_2$, $y_1 \neq y_2$ のとき，直線 PQ の傾きは $\dfrac{y_2 - y_1}{x_2 - x_1}$ であり，点 (x_1, y_1) を通るので，上の公式から，直線の方程式は

$$y - y_1 = \frac{y_2 - y_1}{x_2 - x_1}(x - x_1)$$

となる．

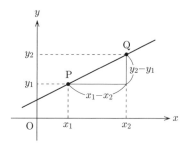

$x_1 = x_2$ のとき，直線 PQ は y 軸に平行となり，方程式は

$$x = x_1 (= x_2)$$

となる．

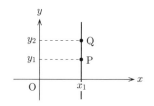

$y_1 = y_2$ のとき，直線 PQ は x 軸に平行となり，方程式は

$$y = y_1 (= y_2)$$

となる．

まとめると次のようになる．

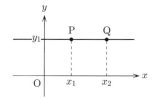

2点を通る直線

異なる 2 点 (x_1, y_1), (x_2, y_2) を通る直線の方程式は

$x_1 \neq x_2,\ y_1 \neq y_2$ のとき　　$y - y_1 = \dfrac{y_2 - y_1}{x_2 - x_1}(x - x_1)$

$x_1 = x_2$ のとき，　　　　　　　　$x = x_1$

$y_1 = y_2$ のとき，　　　　　　　　$y = y_1$

例題 1.14

次の直線の方程式を求めよ.

(1)　点 $(3, -1)$ を通り，傾き $\dfrac{1}{2}$ の直線

(2)　2 点 $(-1, 1)$, $(-3, 7)$ を通る直線

解答

(1)　公式から $y - (-1) = \dfrac{1}{2}(x - 3)$, すなわち

$$y = \frac{1}{2}x - \frac{5}{2}.$$

(2)　公式から $y - 1 = \dfrac{7 - 1}{-3 - (-1)}\{x - (-1)\}$, すなわち

$$y = -3x - 2.$$

問 1.14　次の直線の方程式を求めよ.

(1)　点 $(3, 0)$ を通り，傾き 2 の直線

(2)　点 $\left(\dfrac{1}{2}, -\dfrac{1}{2}\right)$ を通り，傾き -3 の直線

(3)　2 点 $(2, 8)$, $(-1, 2)$ を通る直線

(4)　2 点 $(4, 1)$, $(-5, -2)$ を通る直線

(5)　2 点 $(7, 4)$, $(7, -1)$ を通る直線

(6)　2 点 $(2, -3)$, $(-1, -3)$ を通る直線

【直線の共有点】　xy 平面において 2 つの直線が与えられているとき，それらが共有する点を求めてみよう．共有点の座標を表す x, y は，どちらの直線の方程式も満たすので，共有点の座標は，2 つの方程式を連立方程式として解くことにより，求めることができる．

例題 1.15

xy 平面において，次の各 2 直線の共有点を求めよ．

(1)　直線 $2x + 3y = -4$ と直線 $5x + y = 3$

(2)　直線 $2x + 3y = -4$ と直線 $4x + 6y = -8$

(3)　直線 $2x + 3y = -4$ と直線 $4x + 6y = 4$

解答

(1)　連立方程式 $\begin{cases} 2x + 3y = -4 \\ 5x + y = 3 \end{cases}$ を解くと，解は $x = 1, y = -2$ である（例題 1.8 (1) 参照）．よって共有点の座標は $(1, -2)$ となる．

(2)　連立方程式 $\begin{cases} 2x + 3y = -4 \\ 4x + 6y = -8 \end{cases}$ を解くと，解は $2x + 3y = -4$ をみたす (x, y) の組全体となる（例題 1.8 (2) 参照）．つまり共有点は，直線 $2x + 3y = -4$ 上の点全体である．

(3)　連立方程式 $\begin{cases} 2x + 3y = -4 \\ 4x + 6y = 4 \end{cases}$ には解が存在しない（例題 1.8 (3) 参照）．つまり共有点は存在しない．

　例題 1.15 の答えがなぜそうなるか，グラフを用いてさらに考えよう．

　例題 1.15 (1) のグラフは右図のようになる．$2x + 3y = -4$ の傾きは $-\dfrac{2}{3}$，$5x + y = 1$ の傾きは -5 である．2 直線は傾きが異なるので 1 点で交わる．

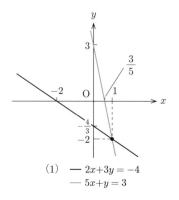

(1)　— $2x + 3y = -4$
　　— $5x + y = 3$

例題 1.15 (2) のグラフは下左図のようになる. $2x + 3y = -4 \cdots$ ① と $4x + 6y = -8 \cdots$ ② の傾きはともに $-\dfrac{2}{3}$ であり, さらに ① 式の両辺を 2 倍 したものが ② 式であるから, ① 式をみたす (x, y) と ② 式をみたす (x, y) は 一致し, それを座標にもつ点の集まりでできるグラフも一致する.

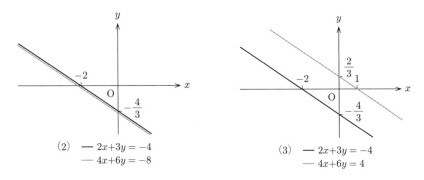

(2) — $2x+3y=-4$
　　 — $4x+6y=-8$

(3) — $2x+3y=-4$
　　 — $4x+6y=4$

例題 1.15 (3) のグラフ（上右図）において, $2x + 3y = -4$ と $4x + 6y = 4$ の傾きはともに $-\dfrac{2}{3}$ であるが, 一方の方程式を何倍かしても, 他方の方程式 にならないので, 2 つのグラフは平行である.

よって, 共有点は (1) では 1 個, (2) ではある直線上の点全体となり, (3) で は存在しない, となる.

問 1.15 xy 平面において, 次の 2 直線の共有点を求めよ.

(1) 直線 $x + y = 1$ と直線 $x - y = 3$

(2) 直線 $2x - 4y = 6$ と直線 $-x + 2y = -3$

(3) 直線 $y = \dfrac{1}{2}x + 1$ と直線 $x - 2y + 1 = 0$

(4) 直線 $3x - y = 5$ と直線 $2x + 3y + 4 = 0$

(5) 直線 $2x + y = 1$ と直線 $x = 2$

(6) 直線 $y = -1$ と直線 $x = -3$

(7) 直線 $3x + 4y - 1 = 0$ と直線 $6x + 8y = 3$

(8) 直線 $x - 2y = 1$ と直線 $y = \dfrac{1}{2}x - \dfrac{1}{2}$

2 式 の 計 算

2.1 整式の展開

文字や数に，足し算，引き算，掛け算を何回か組み合わせてできる式を**整式**という．

整式の展開の基本は第 1 章でも述べた次の**分配法則**である．

$$a(b+c) = ab+ac, \quad (a+b)c = ac+bc$$

例題 2.1

次の式を展開せよ．

(1) $(x+3)(2x-5)$ (2) $(a-b)(a+b+c)$

解答

(1)
$$(x+3)(2x-5) = 2x^2 - 5x + 6x - 15$$
$$= 2x^2 + x - 15.$$

(2)
$$(a-b)(a+b+c) = a^2 + ab + ac - ab - b^2 - bc$$
$$= a^2 - b^2 + ac - bc.$$

問 2.1 次の式を展開せよ．

(1) $x(4x+5)$ (2) $(2x+3)x^2$

(3) $(x-7)(x+5)$ (4) $(x+3)(x-3)$

(5) $(x+5)(4x+1)$ (6) $(3x-4)(2x+1)$

(7) $(x-a)(x-b)(x-c)$ (8) $(x-1)(x^2+x+2)$

次にあげる公式を使える場合はさらに計算が簡単になる.

展開公式 1　　$(x + a)(x - a) = x^2 - a^2$

$(x + a)(x + b) = x^2 + (a + b)x + ab$

展開公式 2　　$(a + b)^2 = a^2 + 2ab + b^2$

$(a - b)^2 = a^2 - 2ab + b^2$

$(a + b)^3 = a^3 + 3a^2b + 3ab^2 + b^3$

$(a - b)^3 = a^3 - 3a^2b + 3ab^2 - b^3$

例題 2.2

展開公式を用いて，次の式を展開せよ.

(1)　$(x + 2)(x - 2)$　　　　(2)　$(a - 5)(a + 3)$

(3)　$(2t + s)^2$　　　　　　(4)　$(3x - 5)^3$

解答

(1)　$(x + 2)(x - 2) = x^2 - 2^2 = x^2 - 4$

(2)　$(a - 5)(a + 3) = a^2 + (-5 + 3)a + (-5) \cdot 3 = a^2 - 2a - 15$

(3)　$(2t + s)^2 = (2t)^2 + 2 \cdot 2t \cdot s + s^2 = 4t^2 + 4ts + s^2$

(4)　$(3x - 5)^3 = (3x)^3 - 3 \cdot (3x)^2 \cdot 5 + 3 \cdot 3x \cdot 5^2 - 5^3$

$= 27x^3 - 135x^2 + 225x - 125$

問 2.2　展開公式を用いて，次の式を展開せよ.

(1)　$(x - 3)(x + 3)$　　(2)　$(-a + 2b)(-a - 2b)$　　(3)　$(t - 2\sqrt{3})(t + 2\sqrt{3})$

(4)　$(x - 2)(x + 4)$　　(5)　$(-a + 3)(-a - 4)$　　(6)　$(t - 2s)(t - 5s)$

(7)　$(x + 3)^2$　　　　(8)　$\left(3x - \dfrac{1}{x}\right)^2$　　　(9)　$(-x - \pi)^2$

(10)　$(5x - 4)^2$　　　(11)　$\left(\dfrac{1}{2}x - 5\right)^2$　　(12)　$(x + 2)^3$

(13)　$(2x + 1)^3$　　　(14)　$(3x - 1)^3$　　　(15)　$\left(2x + \dfrac{1}{x}\right)^3$

2.2　整式の除法

整数の割り算と同じように，1変数の整式どうしで割り算をすることができる．このとき，各整式を降べきの順に（次数の高い項から低い項へ）並べる．

例題 2.3

$2x^4 + 3x^3 + 8x - 1$ を $x^2 - x + 3$ で割った商と余りを求めよ．

解答　割る式と割られる式を整数の割り算と同様に配置してとりかかる．また，ある次数の項がなければ，その場所をあけておくとよい．

$$
\begin{array}{r}
2x^2 \ +5x \quad -1 \\
x^2 -x +3 \overline{\smash{\big)}\ 2x^4 +3x^3 \qquad +8x\ -1} \\
\underline{2x^4 -2x^3 +6x^2} \qquad \cdots (x^2 - x + 3) \times 2x^2 \\
5x^3 -6x^2\ +8x \\
\underline{5x^3 -5x^2 +15x} \qquad \cdots (x^2 - x + 3) \times 5x \\
-x^2 -7x\ -1 \\
\underline{-x^2\ +x\ -3} \qquad \cdots (x^2 - x + 3) \times (-1) \\
-8x\ +2
\end{array}
$$

ここで残った式 $-8x + 2$ を，それより**次数の高い式** $x^2 - x + 3$ でさらに**に割ることはできない**ので，以上で計算終了．よって商は $2x^2 + 5x - 1$，余りは $-8x + 2$ である．

$$\diamond$$

割られる式 $2x^4 + 3x^3 + 8x - 1$，割る式 $x^2 - x + 3$，商 $2x^2 + 5x - 1$，余り $-8x + 2$ の間には

$$2x^4 + 3x^3 + 8x - 1 = (x^2 - x + 3)(2x^2 + 5x - 1) + (-8x + 2)$$

という関係が成り立つが，これは一般の場合でも同様である．

商と余りの関係

整式 $A(x)$ を $B(x)$ で割った商を $Q(x)$, 余りを $R(x)$ とすると,

$$A(x) = B(x)\,Q(x) + R(x).$$

特に, 余り $R(x)$ が 0 ならば

$$A(x) = B(x)\,Q(x)$$

であり, このとき $A(x)$ は $B(x)$ で**割り切れる**という.

問 2.3 次の割り算について, 商と余りを求めよ. また, 上の商と余りの関係式が成り立つことを確かめよ.

(1) $(x^3 - x^2 + x) \div (-x + 1)$ (2) $(8x^4 - 1) \div (2x + 1)$

(3) $(x^3 - x) \div (x^2 + x)$

2.3 因数分解

整式をいくつかの整式の積で表すことを**因数分解**という. 次の公式は絶対に覚えなければならない.

因数分解の公式

(1) $x^2 - y^2 = (x + y)(x - y)$

(2) $x^3 + y^3 = (x + y)(x^2 - xy + y^2)$

(3) $x^3 - y^3 = (x - y)(x^2 + xy + y^2)$

(4) $x^2 + (a + b)x + ab = (x + a)(x + b)$

(2), (3) の右辺に現れる 2 次式はこれ以上は因数分解できない. 詳しくは例題 2.17 で説明する.

── 例題 **2.4** ──

次の式を因数分解せよ.

(1) $4x^2 - 9y^2$　　(2) $x^2 + 5x + 6$　　(3) $x^6 - y^6$

解答

(1) 因数分解の公式 (1) より
$$4x^2 - 9y^2 = (2x)^2 - (3y)^2 = (2x + 3y)(2x - 3y)$$

(2) 因数分解の公式 (4) を用いる. $(x + a)(x + b)$ の形に因数分解されるとすると
$$x^2 + 5x + 6 = x^2 + (a + b)x + ab$$
$ab = 6$ について 1×6, (−1)×(−6), 2×3, または (−2)×(−3) などの候補がある. この中から $a + b = 5$ をみたすものを探すと, $a = 2$, $b = 3$ が条件に当てはまる. よって $x^2 + 5x + 6 = (x + 2)(x + 3)$.

(3) $x^6 - y^6$ の因数分解では, $x^6 = (x^3)^2$, $y^6 = (y^3)^2$ だから, $x^3 = X$, $y^3 = Y$ と考えると $x^6 - y^6 = X^2 - Y^2$ となり, 因数分解の公式 (1) が使える.
$$\begin{aligned} x^6 - y^6 &= (x^3)^2 - (y^3)^2 \\ &= (x^3 + y^3)(x^3 - y^3) \\ &= (x + y)(x^2 - xy + y^2)(x - y)(x^2 + xy + y^2) \end{aligned}$$

問 2.4　次の式を因数分解せよ.

(1) $x^2 - 9$ 　　(2) $x^2 - 4y^2$ 　　(3) $49x^2 - 1$
(4) $25x^2 - 36$ 　　(5) $x^2 + 5x + 4$ 　　(6) $x^2 - x - 6$
(7) $x^2 + 4x + 4$ 　　(8) $x^2 - 6x + 9$ 　　(9) $x^3 - 1$
(10) $x^3 - 27y^3$ 　　(11) $x^3 + 1$ 　　(12) $x^3 + 8y^3$
(13) $x^4 - y^4$ 　　(14) $x^4 - 13x^2 + 36$ 　　(15) $x^4 + 4x^2 - 5$

もう 1 つ因数分解の公式として
$$acx^2 + (ad + bc)x + bd = (ax + b)(cx + d)$$

があるが，これは，具体的な例で計算ができるようにしておけばよい．

例題 2.5

$2x^2 + 5x - 3$ を因数分解せよ．

解答　x^2 の係数が 2 であることから

$$2x^2 + 5x - 3 = (x + b)(2x + d)\, (= 2x^2 + (2b + d)x + bd)$$

と因数分解されるとして，係数の関係を次のたすき掛けの図式で考える．

与式と比較して $2b + d = 5$, $bd = -3$ となるものを探す．左下の図にあるように掛けて -3 になるように b, d を決め，右の列に出てくる数値を足して 5 になれば正答となる．いろいろとやってみれば $b \times d = 3 \times (-1)$ が解であるとわかる：

$$
\begin{array}{ccccc}
1 & & b & \longrightarrow & 2b \\
 & \times & & & \\
2 & & d & \longrightarrow & d \\
\hline
2 & & -3 & & 5
\end{array}
\qquad
\begin{array}{ccccc}
1 & & \mathbf{3} & \longrightarrow & \mathbf{6} \\
 & \times & & & \\
2 & & \mathbf{-1} & \longrightarrow & \mathbf{-1} \\
\hline
2 & & -3 & & 5
\end{array}
$$

したがって，$2x^2 + 5x - 3 = (x + 3)(2x - 1)$ である．

問 2.5　次の式を因数分解せよ．
(1)　$2x^2 + 5x + 3$　　(2)　$2x^2 - x - 1$　　(3)　$5x^2 + 11x + 2$
(4)　$3x^2 + 11x - 4$　　(5)　$3x^2 - 4x - 4$　　(6)　$6x^2 - 7x - 20$

【因数定理】　因数分解するときには，次の因数定理も役に立つ．

因数定理
整式 $f(x)$ に $x = a$ を代入したとき $f(a) = 0$ となるならば，$f(x)$ は $x - a$ で割り切れる．

証明　p.23 の「商と余りの関係」を使う．$f(x)$ を $x - a$ で割ると $f(x) = (x - a)Q(x) + r$（r は定数）が成り立つ．よって $f(a) = r = 0$ より $f(x) = (x - a)Q(x)$ となり，$f(x)$ は $x - a$ で割り切れることがわかる．

例題 2.6

次の式を因数分解せよ.

(1) $x^3 + 2x^2 - 5x - 6$　　(2) $x^3 - 3x^2 + 6x - 4$

解答　3 次以上の整式ではまず, 整式の値を 0 とする x の値を 1 つ見つける.

(1) $f(x) = x^3 + 2x^2 - 5x - 6$ とおくと,

$$f(-1) = (-1)^3 + 2 \cdot (-1)^2 - 5 \cdot (-1) - 6 = 0$$

だから, $f(x)$ は $x - (-1) = x + 1$ で割り切れることがわかる.
$(x^3 + 2x^2 - 5x - 6) \div (x + 1)$ の商は $x^2 + x - 6$ だから, 商と余りの関係 ($\to$ p.23) より

$$x^3 + 2x^2 - 5x - 6 = (x + 1)(x^2 + x - 6).$$

さらに $x^2 + x - 6$ の部分も因数分解して

$$x^3 + 2x^2 - 5x - 6 = (x + 1)(x - 2)(x + 3)$$

(2) $f(x) = x^3 - 3x^2 + 6x - 4$ とおくと, $f(1) = 0$ だから $f(x)$ は $x - 1$ で割り切れる. $(x^3 - 3x^2 + 6x - 4) \div (x - 1)$ の商は $x^2 - 2x + 4$ だから,

$$x^3 - 3x^2 + 6x - 4 = (x - 1)(x^2 - 2x + 4).$$

$x^2 - 2x + 4$ は実数の範囲ではこれ以上因数分解できない ($\to$ 例題 2.17).

問 2.6　次の式を因数分解せよ.

(1) $x^3 + 2x^2 - x - 2$　　(2) $x^3 + x^2 - 5x + 3$

(3) $x^3 - x^2 - 4x + 4$　　(4) $2x^3 + 3x^2 - 1$

(5) $2x^3 - 3x^2 + 2x - 1$　　(6) $x^4 + 2x^3 - 3x^2 - 8x - 4$

2.4 分数式の計算

$\dfrac{整式}{整式}$ の形の式を**分数式**と呼ぶ.分数式は通常の分数と同じように,約分,通分,四則計算などができる.もうそれ以上約分できない分数式のことは,**既約な分数式**と呼ぶ.

例題 2.7

分数式 $\dfrac{x^2 - 16}{x^2 + 2x - 8}$ を約分して既約な分数式になおせ.

解答 約分して既約な分数式にするには分子と分母をそれぞれ因数分解して共通な因子を約せばよい.

$$\frac{x^2 - 16}{x^2 + 2x - 8} = \frac{(x+4)(x-4)}{(x-2)(x+4)} = \frac{x-4}{x-2}$$

! 分数式の値は分子と分母の比で決まる.同じものを分子分母に掛けたり,同じもので分子分母を割ること(約分)はその比を変えないから分数式の値を変えない.しかし,分母,分子に同じ数を足したり引いたりしてはいけない.分子と分母の比を変えるからである.たとえば,$\dfrac{x+1}{x^2+1} = \dfrac{x+1-1}{x^2+1-1} = \dfrac{x}{x^2} = \dfrac{1}{x}$ などとしてはいけない.

また,分母分子が2項以上の足し算引き算の場合,分母の1項と分子の1項だけで約分することはできない.たとえば,$\dfrac{x-4}{2}$ を

$$\frac{x - \overset{2}{\cancel{4}}}{\cancel{2}} = x - 2$$

などとしてはいけない.

問 2.7 次の分数式を約分して既約な分数式になおせ.

(1) $\dfrac{x^2 - 3x + 2}{x - 2}$ (2) $\dfrac{x^2 - x - 2}{x^2 - 4}$ (3) $\dfrac{x^2 - x - 12}{x^2 + 2x - 3}$

例題 2.8

次の式を通分せよ.

(1) $\dfrac{1}{x-1} - \dfrac{1}{x+1}$　(2) $\dfrac{x+1}{x(x+2)} + \dfrac{1}{x(x-2)}$　(3) $x + \dfrac{2}{x-1}$

解答

(1)　$\dfrac{1}{x-1} - \dfrac{1}{x+1} = \dfrac{x+1}{(x-1)(x+1)} - \dfrac{x-1}{(x-1)(x+1)}$

$= \dfrac{(x+1)-(x-1)}{(x-1)(x+1)} = \dfrac{2}{(x-1)(x+1)}$

または

$\dfrac{1}{x-1} - \dfrac{1}{x+1} = \dfrac{1 \times (x+1) - (x-1) \times 1}{(x-1)(x+1)} = \dfrac{2}{(x-1)(x+1)}$

(2)　$\dfrac{x+1}{x(x+2)} + \dfrac{1}{x(x-2)} = \dfrac{(x+1) \times (x-2) + (x+2) \times 1}{x(x+2)(x-2)}$

$= \dfrac{x^2}{x(x+2)(x-2)} = \dfrac{x}{(x+2)(x-2)}$

(3)　同じ分母をもつ分数式になるよう, 第1項を変形しよう. つまり

$x + \dfrac{2}{x-1} = \dfrac{x(x-1)}{x-1} + \dfrac{2}{x-1} = \dfrac{x(x-1)+2}{x-1} = \dfrac{x^2-x+2}{x-1}$

問 2.8　次の式を通分して計算せよ.

(1)　$\dfrac{1}{x-2} + \dfrac{1}{x+2}$

(2)　$\dfrac{x-4}{x-5} - \dfrac{x-3}{x-4}$

(3)　$\dfrac{1}{x(x-1)} + \dfrac{1}{x}$

(4)　$\dfrac{x}{(x-1)^2} - \dfrac{1}{x-1}$

(5)　$\dfrac{1}{x(x-1)} - \dfrac{1}{x(x+1)}$

(6)　$\dfrac{x+9}{x(x-3)} - \dfrac{8}{(x-1)(x-3)}$

(7)　$3 + \dfrac{1}{x+1}$

(8)　$x + 1 - \dfrac{1}{x}$

(9)　$1 - \dfrac{x^2-2x-8}{x^2-x-6}$

(10)　$\dfrac{1}{x(x-1)} - \dfrac{1}{x} + \dfrac{1}{x-1}$

例題 2.9

次の式を簡単にせよ.

$(1)\quad \dfrac{1+\dfrac{x+1}{x-1}}{1-\dfrac{x+1}{x-1}}$

$(2)\quad \dfrac{1+\dfrac{1}{x}}{x+1}-\dfrac{1}{x}$

解答

$(1)\quad \dfrac{1+\dfrac{x+1}{x-1}}{1-\dfrac{x+1}{x-1}}=\dfrac{\left(1+\dfrac{x+1}{x-1}\right)\times(x-1)}{\left(1-\dfrac{x+1}{x-1}\right)\times(x-1)}=\dfrac{x-1+x+1}{x-1-(x+1)}$

$\qquad\qquad\quad =\dfrac{2x}{-2}=-x$

$(2)\quad \dfrac{1+\dfrac{1}{x}}{x+1}-\dfrac{1}{x}=\dfrac{\left(1+\dfrac{1}{x}\right)\times x}{(x+1)\times x}-\dfrac{1}{x}=\dfrac{x+1}{(x+1)x}-\dfrac{1}{x}$

$\qquad\qquad\quad =\dfrac{1}{x}-\dfrac{1}{x}=0$

問 2.9　次の式を簡単にせよ.

$(1)\quad \dfrac{\dfrac{x}{2}}{2x}$

$(2)\quad \dfrac{1}{\dfrac{1}{x+1}}$

$(3)\quad \dfrac{\dfrac{1}{2x}}{\dfrac{1}{x}}$

$(4)\quad \dfrac{1-\dfrac{x-1}{x+1}}{1+\dfrac{x-1}{x+1}}$

$(5)\quad \dfrac{2(x+1)}{\dfrac{x+1}{2x}}$

$(6)\quad \dfrac{x-\dfrac{1}{x}}{1+\dfrac{1}{x}}$

$(7)\quad 1-\dfrac{1}{1-\dfrac{1}{x}}$

$(8)\quad \dfrac{\dfrac{1}{x}-\dfrac{1}{3}}{x-3}$

$(9)\quad \dfrac{\dfrac{1}{x+1}-1}{x}$

2.5 複素数の計算

どのような実数 a に対しても a^2 は決して負にはならない. しかし, 2 乗したら負になるような「数」(当然, 実数ではない) を考えるとさまざまな場面で便利である. このような新しい数を導入して, 数の範囲を拡張することを考えよう.

まず, 2 乗すると -1 になる 1 つの新しい数 i を考え, これを **虚数単位** とよぶ.

$$i^2 = -1$$

さらに,

- i と実数 a との積 ai を定義し,
- i を含んだ数の計算は i を文字とする式のように扱い, 関係 $i^2 = -1$ を用いて簡単にする.

$a \neq 0$ のとき, ai を **純虚数** とよぶ. また, $0i$ は実数の 0 に等しい. 以下, 本節では, a, b, c, d などの文字は特に断らないかぎり実数を表す.

例題 2.10

次の積を計算せよ.

(1) $(-2i) \times 3i$ (2) i^3

解答

(1) $(-2i) \times 3i = (-2 \cdot 3)i^2 = -6 \cdot (-1) = 6.$

(2) $i^3 = i^2 \times i = (-1)i = -i.$

問 2.10 次の積を計算せよ.

(1) $3i \times (-2)$ (2) $\left(\sqrt{2}\,i\right) \times \left(\sqrt{6}\,i\right)$ (3) $\left(\sqrt{3}\,i\right)^2$

(4) $\left(-\sqrt{3}\,i\right)^2$ (5) $(-2i)^3$ (6) i^4

【負数の平方根】 　負数 $-a\ (a > 0)$ の平方根は $\sqrt{a}\,i$ と $-\sqrt{a}\,i$ の2つである. 実際,

$$(\sqrt{a}\,i)^2 = (\sqrt{a})^2\,i^2 = -a,$$
$$(-\sqrt{a}\,i)^2 = (-\sqrt{a})^2\,i^2 = -a$$

でどちらも2乗すると $-a$ になる. また, 負の数の平方根に対しても根号 $\sqrt{}$ を使うと便利なので, $\sqrt{-a}$ を $\sqrt{-a} = \sqrt{a}\,i$ で定義する. 特に $\sqrt{-1} = i$ である.

$$\sqrt{-a} = \sqrt{a}\,i\ (a > 0), \qquad \sqrt{-1} = i$$

例題 2.11

(1) 　$-\sqrt{-4}$ を i を用いて表せ. 　　(2) 　$\left(-\sqrt{-4}\right)^2$ を計算せよ.

解答

(1) 　$-\sqrt{-4} = -\sqrt{4}\,i = -2i.$

(2) 　$\left(-\sqrt{-4}\right)^2 = (-2i)^2 = (-2)^2\,i^2 = 4 \cdot (-1) = -4.$

問 2.11 a 　次の数を i を用いて表せ.

(1) 　$\sqrt{-9}$ 　　(2) 　$-\sqrt{-3}$ 　　(3) 　$\sqrt{-\dfrac{7}{16}}$

問 2.11 b 　次の積を計算せよ.

(1) 　$\left(\sqrt{-7}\right)^2$ 　　(2) 　$\sqrt{2} \times \sqrt{-3}$ 　　(3) 　$\sqrt{-2} \times \sqrt{-3}$

〔ヒント〕　i を用いて計算. 　(3) $\sqrt{-2} \times \sqrt{-3} = \sqrt{(-2) \times (-3)}$ は成り立たない

【複素数】 　実数 a, b に対して

$$a + bi$$

の形の数を**複素数**という. a, b をそれぞれ, この複素数の**実部**, **虚部**という.

2 つの複素数が等しくなるのは，実部どうし，虚部どうしがそれぞれ等しいときであり，そのときに限る．

$$a + bi = c + di \quad \Longleftrightarrow \quad a = c \ \text{かつ} \ b = d$$

実数 a は $a + 0i$ の形をした複素数と考えられる．純虚数 $bi = 0 + bi \ (b \neq 0)$ も複素数の 1 種である．実数でない複素数 $a + bi \ (b \neq 0)$ のことを**虚数**とよぶ．

例題 2.12

$(a - 3) + (a - b)i = 2i$ をみたす実数 a, b の値を求めよ．

解答
$$(a - 3) + (a - b)i = 0 + 2i$$
の両辺の実部の比較から $a - 3 = 0$，すなわち $a = 3$.

一方，虚部の比較から $a - b = 2$，よって $b = a - 2 = 3 - 2 = 1$.

問 2.12 次の等式をみたす実数 a, b の値を求めよ．

(1) $a + bi = 5 - 4i$ (2) $(2a - 1) + i = 7 + (a + b)i$ (3) $(a + bi)^2 = i$

【複素数の四則演算】

2 つの複素数 $a + ib, c + id$ (a, b, c, d は実数) の四則演算

- 和・差： $(a + ib) \pm (c + ib) = (a \pm c) + i(b \pm d)$ (複号同順)

- 積： $(a + ib)(c + id) = (ac - bd) + i(ad + bc)$

- 商： $c + id \neq 0$ のとき，
$$\frac{a + ib}{c + id} = \frac{(a + ib)(c - id)}{(c + id)(c - id)} = \frac{(ac + bd) + i(bc - ad)}{c^2 + d^2}$$

一般の複素数 $a + ib$ に対して $a - ib$ をその**共役複素数**という．商の計算では，分母の共役複素数を分子と分母に掛ける．

例題 2.13

次の計算をせよ.

(1) $(5 + 2i) - (-1 + 3i)$ (2) $(5 + 2i)(-1 + 3i)$ (3) $\dfrac{1 + i}{3 + 2i}$

解答

(1) $(5 + 2i) - (-1 + 3i) = 5 + 2i + 1 - 3i = (5 + 1) + (2 - 3)i = 6 - i$

(2) $(5 + 2i)(-1 + 3i) = 5 \cdot (-1) + 5 \cdot 3i + 2i \cdot (-1) + 2i \cdot 3i$

$= -5 + 15i - 2i + 6i^2 = (-5 - 6) + (15 - 2)i = -11 + 13i.$

(3) 分母と分子に,$3 + 2i$ の共役複素数 $3 - 2i$ を掛けて,

$\dfrac{1 + i}{3 + 2i} = \dfrac{(1 + i)(3 - 2i)}{(3 + 2i)(3 - 2i)} = \dfrac{3 - 2i + 3i - 2i^2}{3^2 - (2i)^2} = \dfrac{3 + i + 2}{3^2 + 2^2} = \dfrac{5 + i}{13}.$

問 2.13 次の計算をせよ.

(1) $(4 + 3i) + (2 - i)$ (2) $(4 + 3i) - (2 - i)$ (3) $(1 + 3i)(2 + i)$

(4) $\left(1 + \sqrt{2}\,i\right)^2$ (5) $(3 + i)(3 - i)$ (6) $\left(\dfrac{-1 + \sqrt{3}\,i}{2}\right)^3$

(7) $\dfrac{2}{1 + 3i}$ (8) $\dfrac{1}{i}$ (9) $\dfrac{2 + 3i}{5 - 2i}$

2.6 2次方程式

2次方程式を解くには,因数分解を用いる,平方完成する,解の公式を用いる,といった方法がある.それぞれの解法を確認しておこう.

【因数分解を用いた2次方程式の解法】

例題 2.14

因数分解を用いて2次方程式 $x^2 - 5x + 6 = 0$ の解を求めよ.

> **解答** 左辺の因数分解は $x^2 - 5x + 6 = (x-2)(x-3)$. したがって
> $$x^2 - 5x + 6 = (x-2)(x-3) = 0$$
> より解は $x = 2, 3$.

問 2.14 因数分解を用いて次の2次方程式を解け.

(1) $x^2 + 8x - 20 = 0$ (2) $2x^2 - 5x - 3 = 0$ (3) $-6x^2 + 5x + 6 = 0$

【平方完成による解法】 まず, 例として2次方程式

$$4(x+2)^2 - 3 = 0 \tag{2.1}$$

を考える. これは

$$4x^2 + 16x + 13 = 0 \tag{2.2}$$

と同じ方程式だが, (2.1) の形で考えると簡単に解ける. 実際, $(x+2)^2 = \dfrac{3}{4}$ だから $x + 2 = \pm\dfrac{\sqrt{3}}{2}$. よって解は $x = -2 \pm \dfrac{\sqrt{3}}{2}$ と求まる.

　方程式が (2.2) の形で与えられたとしても (2.1) の形に変形すれば上のような解き方ができる. そのための式変形を**平方完成**という.

$$\textbf{平方完成：} ax^2 + bx + c \textbf{ を } a(x+p)^2 + q \textbf{ の形に書き直すこと}$$

平方完成の具体的な計算では次の公式を使うとよい.

$$x^2 \pm \square x = \left(x \pm \frac{\square}{2}\right)^2 - \left(\frac{\square}{2}\right)^2$$

例題 2.15

平方完成を用いて, 次の2次方程式の解を求めよ.

(1) $2x^2 + 6x - 1 = 0$ (2) $x^2 - 4x + 5 = 0$

解答

(1) 方程式左辺の2次式を平方完成すると

$$2x^2 + 6x - 1 = 2(x^2 + 3x) - 1 = 2\left\{\left(x + \frac{3}{2}\right)^2 - \left(\frac{3}{2}\right)^2\right\} - 1$$

$$= 2\left(x + \frac{3}{2}\right)^2 - \frac{11}{2}$$

したがって，方程式は

$$2\left(x + \frac{3}{2}\right)^2 - \frac{11}{2} = 0$$

となるから $\left(x + \frac{3}{2}\right)^2 = \frac{11}{4}$. ゆえに $x + \frac{3}{2} = \pm\frac{\sqrt{11}}{2}$ であり，
解は

$$x = \frac{-3 \pm \sqrt{11}}{2}$$

(2) $x^2 - 4x + 5 = (x^2 - 4x) + 5 = \left\{(x-2)^2 - 4\right\} + 5 = (x-2)^2 + 1.$
したがって，方程式は $(x-2)^2 + 1 = 0$ となるから $(x-2)^2 = -1.$
ゆえに $x - 2 = \pm\sqrt{-1} = \pm i$ であり，解は

$$x = 2 \pm i$$

問 2.15 平方完成を用いて次の2次方程式を解け．

(1) $x^2 - 3x + 2 = 0$　　(2) $2x^2 + 3x - 1 = 0$　　(3) $x^2 - 2x + 3 = 0$

【解の公式を用いた解法】　　一般の2次方程式

$$ax^2 + bx + c = 0 \quad (a \neq 0)$$

の解を与える解の公式を平方完成を用いて求める．左辺を平方完成すると

$$ax^2 + bx + c = a\left(x^2 + \frac{b}{a}x\right) + c = a\left\{\left(x + \frac{b}{2a}\right)^2 - \frac{b^2}{4a^2}\right\} + c$$

$$= a\left(x + \frac{b}{2a}\right)^2 - \frac{b^2 - 4ac}{4a}$$

となるから方程式は $a\left(x + \frac{b}{2a}\right)^2 - \frac{b^2 - 4ac}{4a} = 0$ となる．したがって

$$\left(x + \frac{b}{2a}\right)^2 = \frac{b^2 - 4ac}{4a^2} \text{ より } x + \frac{b}{2a} = \pm\sqrt{\frac{b^2 - 4ac}{4a^2}} = \pm\frac{\sqrt{b^2 - 4ac}}{2a}$$

となり，次に示す**解の公式**を得る．

> **2次方程式 $ax^2 + bx + c = 0$ の解の公式：**
> $$x = \frac{-b \pm \sqrt{b^2 - 4ac}}{2a}$$

例題 2.16 ─────

解の公式を用いて，2次方程式 $x^2 - 4x + 1 = 0$ の解を求めよ．

> **解答** 公式に $a = 1,\, b = -4,\, c = 1$ を代入して
> $$x = \frac{-(-4) \pm \sqrt{(-4)^2 - 4 \cdot 1 \cdot 1}}{2 \cdot 1} = \frac{4 \pm \sqrt{16 - 4}}{2}$$
> $$= \frac{4 \pm 2\sqrt{3}}{2} = 2 \pm \sqrt{3}$$

問 2.16 解の公式を用いて次の2次方程式を解け．
(1) $x^2 - 3x + 2 = 0$ (2) $2x^2 + 2x - 1 = 0$ (3) $-3x^2 + 5x - 1 = 0$
(4) $x^2 - 4x + 6 = 0$ (5) $x^2 - x + \frac{1}{4} = 0$ (6) $x^2 - x + 1 = 0$

【2次方程式の解を用いた因数分解】 整式 $f(x)$ に対して，方程式 $f(x) = 0$ の解 $x = \alpha$ がみつかれば $f(\alpha) = 0$ をみたすので，2.3節の因数定理より，$f(x)$ は $x - \alpha$ で割り切れて $f(x) = (x - \alpha)g(x)$ と因数分解できる．特に $f(x)$ が2次式 $ax^2 + bx + c$ の場合，2次方程式 $ax^2 + bx + c = 0$ の2つの解を α, β とすれば，2.3節の因数定理から

$$ax^2 + bx + c = a(x - \alpha)(x - \beta)$$

と因数分解できることになる．

─ 例題 2.17 ───────────

次の2次式を因数分解せよ.

(1)　$2x^2 - 4x + 1$　　(2)　$x^2 + 4xy + y^2$　　(3)　$x^2 + xy + y^2$

解答

(1)　方程式 $2x^2 - 4x + 1 = 0$ を考えるとその解は $1 \pm \dfrac{\sqrt{2}}{2}$. よって

$$2x^2 - 4x + 1 = 2\left(x - \left(1 + \frac{\sqrt{2}}{2}\right)\right)\left(x - \left(1 - \frac{\sqrt{2}}{2}\right)\right)$$

$$= 2\left(x - 1 - \frac{\sqrt{2}}{2}\right)\left(x - 1 + \frac{\sqrt{2}}{2}\right).$$

また, 別解として平方完成を用いた解答も示しておこう.

$$2x^2 - 4x + 1 = 2(x^2 - 2x) + 1 = 2\left\{(x-1)^2 - 1\right\} + 1$$

$$= 2(x-1)^2 - 1 = 2\left\{(x-1)^2 - \frac{1}{2}\right\}$$

$$= 2\left\{(x-1)^2 - \left(\frac{1}{\sqrt{2}}\right)^2\right\}$$

$$= 2\left(x - 1 + \frac{1}{\sqrt{2}}\right)\left(x - 1 - \frac{1}{\sqrt{2}}\right).$$

(2)　x に関する方程式として $x^2 + 4xy + y^2 = 0$ の解を求めると解の公式
から $x = \dfrac{-4 \pm 2\sqrt{3}}{2}y = (-2 \pm \sqrt{3})y$. したがって,

$$x^2 + 4xy + y^2 = \left(x - (-2 + \sqrt{3})y\right)\left(x - (-2 - \sqrt{3})y\right)$$

$$= \left(x + (2 - \sqrt{3})y\right)\left(x + (2 + \sqrt{3})y\right).$$

(3)　x に関する方程式として $x^2 + xy + y^2 = 0$ の解を求めると解の公式
から $x = \dfrac{-1 \pm \sqrt{3}i}{2}y$. したがって,

$$x^2 + xy + y^2 = \left(x - \frac{-1 + \sqrt{3}i}{2}y\right)\left(x - \frac{-1 - \sqrt{3}i}{2}y\right)$$

$$= \left(x + \frac{1 - \sqrt{3}i}{2}y\right)\left(x + \frac{1 + \sqrt{3}i}{2}y\right).$$

　例題 2.17 (3) の場合，実数の範囲では因数分解できない．p.23 因数分解の公式 (2), (3) において第 2 の因子の $x^2 \pm xy + y^2$ が 1 次式の積でないのは，このためである．

問 2.17　次の 2 次式を因数分解せよ．
(1) $x^2 + 3$　　(2) $x^2 - 2x - 4$　　(3) $x^2 + 4y^2$　　(4) $x^2 - 2xy + 2y^2$

3 2次関数とその応用

3.1　2次関数とグラフ

$$y = ax^2 + bx + c \qquad (a \neq 0)$$

の形の関数を，x の2次関数という．

　関数のグラフを描く基本は，いろいろな x の値に対応する y の値を計算して点 (x, y) を xy 平面上にプロットし，それらの点を滑らかな曲線でつなぐことにある．まず，この素朴な方法で2次関数のグラフを描いてみよう．

例題 3.1

次に示す2次関数のグラフを描け．

(1)　$y = x^2$ 　　　(2)　$y = 2x^2$

解答　x の値と y の値の対応は，(1) と (2) をまとめて表にすると次のようになる．第2段が (1) の y の値，第3段が (2) の y の値を示す．

x	$\cdots$	-3	-2	-1	0	1	2	3	$\cdots$
x^2	$\cdots$	9	4	1	0	1	4	9	$\cdots$
$2x^2$	$\cdots$	18	8	2	0	2	8	18	$\cdots$

　表の値の組に対して点 (x, y) をプロットし，それらの点を滑らかな線でつなげば図 3.1 のようになる．

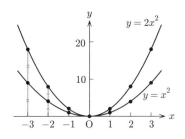

図 3.1 　関数 $y = x^2$ と $y = 2x^2$ のグラフ

問 3.1 　次の 2 次関数のグラフを描け.
(1) 　$y = -x^2$ 　　(2) 　$y = -x^2 + 3$ 　　(3) 　$y = -(x-1)^2 + 3$

問 3.1 の (2) のグラフは (1) のグラフを y 軸の正の方向に 3 だけ平行移動したものであり, (3) のグラフは x 軸の正の方向に 1, y 軸の正の方向に 3 平行移動したものである.

【平方完成と頂点】 　2 次関数のグラフが示す曲線を総称して**放物線**と呼ぶ. 放物線 $y = ax^2 + bx + c$ は, $a > 0$ ならば下に凸, $a < 0$ ならば上に凸となる.

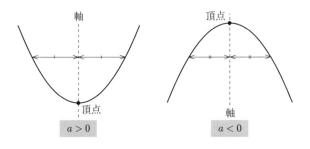

図 3.2 　2 次関数のグラフの形

2 次関数のグラフは, **頂点**の座標がわかれば手際よく描ける. 頂点とは,

- $a > 0$ の場合はグラフの谷底で y の最小値を与える点であり,
- $a < 0$ の場合はグラフの頂上で y の最大値を与える点である.

この性質ゆえ, 平方完成を用いて頂点を求めることができる (→ 例題 3.2).

また，頂点を通る y 軸に平行な直線を放物線の**軸**と呼ぶ．軸の方程式は $x = (\text{頂点の } x \text{ 座標})$ となる．２次関数のグラフは軸に対して線対称である．

例題 3.2

次の２次関数を平方完成して，そのグラフの頂点の座標を求め，グラフを描け．

(1) $y = x^2 + 3x + 3$ (2) $y = -3x^2 + 12x - 5$

解答

(1) 下に凸のグラフであり，最大値は存在しない．平方完成して

$$y = x^2 + 3x + 3 = \left(x + \frac{3}{2}\right)^2 + \frac{3}{4}$$

となる．右辺第 1 項 $\left(x + \frac{3}{2}\right)^2$ の値は $x = -\frac{3}{2}$ で最小値 0 をとり，x が $-\frac{3}{2}$ から離れるほど大きな値となる．よって，$y = \left(x + \frac{3}{2}\right)^2 + \frac{3}{4}$ の値も $x = -\frac{3}{2}$ で最小となり，最小値は $y = \frac{3}{4}$ である．したがって，頂点の座標は $\left(-\frac{3}{2}, \frac{3}{4}\right)$ である．y 切片が 3 であることも考慮してグラフを描くと，下左図のようになる．

(2) 上に凸のグラフであるから最小値は存在しない．平方完成して

$$y = -3x^2 + 12x - 5 = -3(x - 2)^2 + 7.$$

したがって，y は $x = 2$ のとき最大値 7 をとるから，頂点の座標は $(2, 7)$ である．y 切片は -5 だからグラフは下右図のようになる．

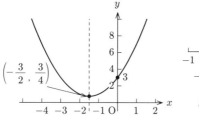
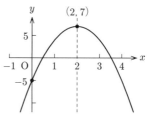

問 **3.2** 次の 2 次関数の頂点の座標を求め，グラフを描け．

(1) $y = x^2 + \dfrac{3}{2}$ (2) $y = x^2 + 2x - 1$

(3) $y = x^2 - x + 1$ (4) $y = 3x^2 - 6x - 4$

(5) $y = -2x^2 - 12x - 13$ (6) $y = -\dfrac{1}{2}x^2 + 2x$

【グラフの平行移動】 例題 3.2 の (1) のグラフは，$y = x^2$ のグラフを x 軸の方向に $-\dfrac{3}{2}$，y 軸の方向に $\dfrac{3}{4}$ だけ平行移動したものであり，(2) のグラフは $y = -3x^2$ のグラフを x 軸の方向に 2，y 軸の方向に 7 だけ平行移動したものである．一般に 2 次関数 $y = ax^2 + bx + c$ の式を平方完成して

$$y = a(x - p)^2 + q$$

となったときに，この関数のグラフは $y = ax^2$ のグラフを x 軸の方向に p，y 軸の方向に q だけ平行移動したものであることが知られている．定数項 q を左辺に移項した形の

$$y - q = a(x - p)^2$$

を記憶しておくと，平行移動の量を表す p, q の符号を間違えにくい．

平行移動に関しては，2 次関数のグラフだけではなくて，一般の関数のグラフに対しても次のことが成り立つ：

関数 $y - q = f(x - p)$ のグラフは関数 $y = f(x)$ のグラフを x 軸の方向に p，y 軸の方向に q だけ平行移動したものである

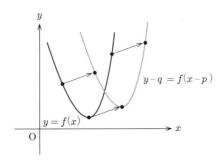

3.2　２次関数の最大・最小

変数の値に制限がある場合は，２次関数には最大値と最小値がともに存在する場合がある．

┌─ **例題 3.3** ─────────────────────────

x の値の範囲を $-1 \leqq x \leqq 4$ としたとき，$y = x^2 - 2x - 1$ の最大値と最小値を求めよ

└──────────────────────────────────────

解答　平方完成した形

$$y = (x-1)^2 - 2$$

から，頂点は $(1, -2)$ であり，関数のグラフは右図のようになる．頂点の x 座標は与えられた x の値の範囲内にあるから，$x = 1$ で y は最小になり，その値は $y = -2$ である．一方，x の値の範囲

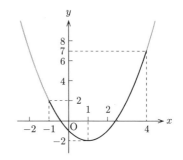

の両端 $x = -1, 4$ における y の値の比較により，$x = 4$ における $y = 7$ が最大値である．

┌──────────────────────────────────────

問 3.3　以下の各問に答えよ．

(1)　$1 \leqq x \leqq 4$ のとき，$y = -x^2 + 4x - 1$ の最大値と最小値を求めよ．

(2)　$1 < x < 4$ のとき，$y = -x^2 + 4x - 1$ の最大値と最小値を求めよ．

(3)　周囲の長さが 8 の長方形を考えるとき，面積が最大になるときの縦の長さはいくらか．また，このときの面積を求めよ．

└──────────────────────────────────────

3.3　２次不等式への応用

２次不等式は，２次関数のグラフを利用すると見通しよく解くことができる．たとえば，２次不等式

$$x^2 - 3x - 4 < 0 \tag{3.1}$$

では左辺の２次式を関数式としてもつ $y = x^2 - 3x - 4$ を考える．ただちに

$y = (x+1)(x-4)$ と因数分解できることから, 方程式 $y = x^2 - 3x - 4 = 0$ より, 関数のグラフと x 軸とは $x = -1, 4$ で交わることがわかる. したがって, 下の図からもわかるように, (3.1), すなわち $y < 0$ をみたす x は

$$-1 < x < 4$$

であるとわかる.

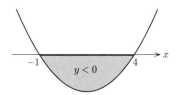

以上の例でわかるように, 2次不等式は2次方程式を解く問題に帰着する.

例題 3.4

次の2次不等式を解け.

(1) $x^2 - 6x + 5 < 0$　(2) $x^2 - 6x + 9 < 0$　(3) $x^2 - 6x + 12 < 0$

(4) $x^2 - 6x + 5 \geqq 0$　(5) $x^2 - 6x + 9 \leqq 0$　(6) $x^2 - 6x + 12 \geqq 0$

解答

(1)　$y = x^2 - 6x + 5$ のグラフと x 軸との共有点の x 座標は

$$x^2 - 6x + 5 = (x-1)(x-5) = 0$$

の解 $x = 1, 5$ である. $y = x^2 - 6x + 5$ のグラフは下に凸の放物線であることから次ページの左図のようになり, 求める解は $1 < x < 5$ である.

(2)　$y = x^2 - 6x + 9$ のグラフと x 軸との共有点の x 座標は,

$$x^2 - 6x + 9 = (x-3)^2 = 0$$

の重解 $x = 3$ である. $y = x^2 - 6x + 9$ のグラフは, 下に凸の放物線であるから, グラフは $x = 3$ で x 軸と共有点をもつ以外は, 常に x 軸の上側にあり, 下にくる部分はない (次ページ中央の図参照). したがって, 求める解は　解なし　である.

(3) 方程式

$$x^2 - 6x + 12 = 0$$

の解は虚数解 $x = \dfrac{6 \pm \sqrt{(-6)^2 - 4 \cdot 12}}{2} = 3 \pm \sqrt{3}\,i$ となるが，これは，$y = x^2 - 6x + 12$ と x 軸との共有点が存在しないことを意味する．実際，$y = x^2 - 6x + 12 = (x-3)^2 + 3$ より y はどのような x の値に対しても正であることがわかる．つまり $y = x^2 - 6x + 12$ のグラフはつねに x 軸の上側にあり，したがって，求める解は　解なし　である（下の右図参照）．

(4) 前述の (1) の $y = x^2 - 6x + 5$ のグラフにおいて，x 軸より上側にある部分の x 座標の範囲は $x \leqq 1, 5 \leqq x$ である．したがって，求める解は $x \leqq 1, 5 \leqq x$ である．

(5) 前述の (2) より，$y = x^2 - 6x + 9$ のグラフは，$x = 3$ で x 軸と共有点をもつ以外は常に x 軸の上側にある．したがって，求める解は $x = 3$ である．

(6) 前述の (3) より，$y = x^2 - 6x + 12$ のグラフは常に x 軸の上側にあるから，求める解は　すべての実数　である．

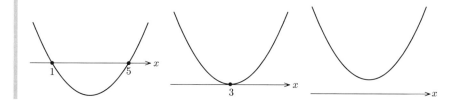

問 **3.4**　左辺の x の2次式で定義される2次関数のグラフを参考にして，次の2次不等式を解け．

(1) $(x - 2)(x + 3) > 0$　　(2) $-x^2 + 5x - 4 > 0$　　(3) $x^2 - 2x - 1 \leqq 0$

(4) $-x^2 + 4x - 4 \geqq 0$　　(5) $x^2 + 4x + 4 > 0$　　(6) $x^2 - 3x + 5 > 0$

3.4 　 2 次方程式の判別式

2 次方程式 $ax^2 + bx + c = 0$ の解は，解の公式より $x = \dfrac{-b \pm \sqrt{b^2 - 4ac}}{2a}$ であった．したがって，$b^2 - 4ac$ が正のときに解は実数となり負のときに虚数となる．そこで，

$$D = b^2 - 4ac$$

をその方程式の**判別式**と呼び，解の類別の判定に用いる．

---

2 次方程式 $ax^2 + bx + c = 0$ の解の種類：

$D = b^2 - 4ac > 0$ 　のとき，　異なる 2 つの実数解

$D = b^2 - 4ac = 0$ 　のとき，　ただ 1 つの実数解（重解）

$D = b^2 - 4ac < 0$ 　のとき，　異なる 2 つの虚数解

例題 3.5

次の問いに答えよ．

(1) 　x の 2 次方程式 $x^2 + kx + k = 0$ が重解をもつような k の値の範囲を求めよ．

(2) 　x の 2 次方程式 $2x^2 + 2kx + k^2 - 1 = 0$ が 2 つの異なる実数解をもつような k の値の範囲を求めよ．

解答

(1) 　$D = k^2 - 4k = k(k - 4) = 0$ を解いて，$k = 0, 4$.

(2) 　$D = (2k)^2 - 4 \cdot 2 \cdot (k^2 - 1) = -4k^2 + 8 > 0$ を解くと，
$(k + \sqrt{2})(k - \sqrt{2}) < 0$ より $-\sqrt{2} < k < \sqrt{2}$.

問 3.5 　次の問いに答えよ．

(1) 　$2x^2 + 3x + k = 0$ が虚数解をもつような k の値の範囲を求めよ．

(2) 　$x^2 - 2kx - k + 2 = 0$ が実数解をもつような k の値の範囲を求めよ．

(3) 　$x^2 - 2(k + 1)x + 2k^2 = 0$ が重解をもつような k の値の範囲を求めよ．

xy 平面において，方程式 $ax^2 + bx + c = 0$ の左辺により定義される2次関数 $y = ax^2 + bx + c$ のグラフと x 軸の交点の座標は2次方程式 $ax^2 + bx + c = 0$ の解で与えられる．よって次もわかる．

> **2次関数 $y = ax^2 + bx + c$ のグラフと x 軸の関係：**
>
> $D = b^2 - 4ac > 0$ のとき，　2点で交わる（共有点は2個）．
>
> $D = b^2 - 4ac = 0$ のとき，　1点で接する（共有点は1個）．
>
> $D = b^2 - 4ac < 0$ のとき，　共有点をもたない．

例題 3.6

2次関数 $y = -x^2 + kx + 2k$ のグラフと x 軸の共有点の個数は，k の値によってどのように変わるか．

解答　$D = k^2 - 4 \cdot (-1) \cdot 2k = k^2 + 8k = k(k + 8)$

$k < -8,\ 0 < k$ のとき　　$D > 0$

$k = -8,\ 0$ のとき　　　　$D = 0$

$-8 < k < 0$ のとき　　　$D < 0$

したがって，求める共有点の個数は

$k < -8,\ 0 < k$ のとき　　2個

$k = -8,\ 0$ のとき　　　　1個

$-8 < k < 0$ のとき　　　0個

となる．

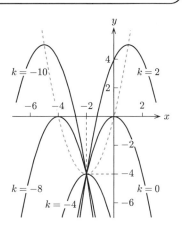

問 3.6　次の2次関数のグラフと x 軸の共有点の個数は，k の値によってどのように変わるか．

(1)　$y = 2x^2 + (k + 1)x + 2$　　　(2)　$y = -x^2 + (k - 1)x - k^2 + 2k + 2$

4

三角関数

4.1 三角比

【代表的な直角三角形】 正三角形を 1 つの中線で切断してできる直角三角形 ABC（図 4.1）において，辺の比は $AB : BC : CA = 2 : 1 : \sqrt{3}$ である．直角二等辺三角形 ABC（図 4.2）では，$AB : BC : CA = \sqrt{2} : 1 : 1$ である．

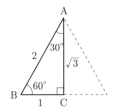

図 4.1　正三角形の半分

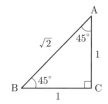

図 4.2　直角二等辺三角形

例題 4.1

下図の直角三角形について x, y を求めよ．

解答 $7 : x : y = 1 : 2 : \sqrt{3}$ より，
$\dfrac{x}{7} = \dfrac{2}{1}$ だから $x = 14$. また，
$\dfrac{y}{7} = \dfrac{\sqrt{3}}{1}$ だから $y = 7\sqrt{3}$.

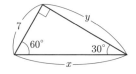

問 4.1 下の図の直角三角形において，辺の長さ x, y, z を求めよ.

(1)

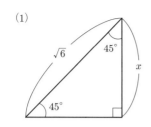

(2)

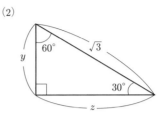

【三角比】 下右図の直角三角形 ABC において

$$\cos\theta = \frac{BC}{AB} = \frac{a}{c} \qquad (4.1)$$

$$\sin\theta = \frac{CA}{AB} = \frac{b}{c} \qquad (4.2)$$

$$\tan\theta = \frac{CA}{BC} = \frac{b}{a} \qquad (4.3)$$

と定義する． コサイン シータ $\cos\theta$ を角 θ の**余弦**， サイン シータ $\sin\theta$ を角 θ の**正弦**， タンジェント シータ $\tan\theta$ を角 θ の**正接** という． いずれも三角形の大きさと無関係に，角度 θ だけで定まる．

余弦，正弦，正接をあわせて三角比という．

─ 例題 4.2 ─────────

次の値を求めよ.

(1) $\sin 30°$ (2) $\cos 45°$ (3) $\tan 60°$

解答

(1) 次ページ上の図参照． 図から，$\sin 30° = \dfrac{CA}{AB} = \dfrac{1}{2}$ ．

(2) 図から，$\cos 45° = \dfrac{BC}{AB} = \dfrac{1}{\sqrt{2}} = \dfrac{\sqrt{2}}{2}$ ．

(3) 図から，$\tan 60° = \dfrac{CA}{BC} = \dfrac{\sqrt{3}}{1} = \sqrt{3}$ ．

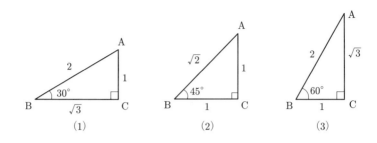

(1)　　　　　　(2)　　　　　　(3)

問 4.2　次の値を求めよ.
(1)　$\cos 30°$ 　　　(2)　$\tan 30°$ 　　　(3)　$\sin 45°$
(4)　$\tan 45°$ 　　　(5)　$\sin 60°$ 　　　(6)　$\cos 60°$

4.2　一般角と三角関数

【一般角】　　角を回転の量ととらえることで, 角度の考え方をひろげよう. 右下図において, 角を測るときの基準になる半直線 (**始線**) として OX をとる.

始線 OX から見た角 XOB の角度は, 始線 OX を, 点 O を中心として回転させて半直線 OB に重ねたときの回転の角度とし, 反時計回りの回転のとき正, 時計回りのとき負と角度に符号を定める. また, 1 回り (360°) 以上の回転も考える.

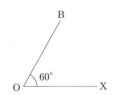

このように, 負の向きや 360° 以上の回転も考えた角を**一般角**という. たとえば, 通常 60° とされる角も, 下図のように, 回転のさせ方により 420° や −300° とみなされる. このように, 角 XOB の一般角はただ 1 つには決まらない.

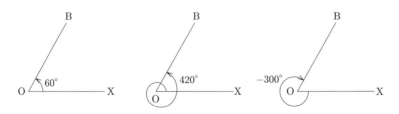

【三角関数】 半径 1 の円を**単位円**という. 原点 O を中心とする単位円上の任意の点を P とする. 半径 OP の位置は x 軸の正の部分を始線として測った一般角 θ で決まる. すなわち, P の x, y 座標は θ の関数である. そこで,

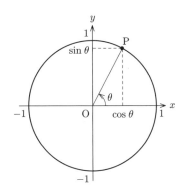

$$\text{P の } x \text{ 座標} = \cos\theta,$$

$$\text{P の } y \text{ 座標} = \sin\theta,$$

と書くことにする. $\cos\theta$ を**余弦関数**, $\sin\theta$ を**正弦関数**という. 座標の比, $(y \text{ 座標})/(x \text{ 座標})$ も重要であり,

$$\tan\theta = \frac{\sin\theta}{\cos\theta}$$

と書いて**正接関数**と呼ぶ. これらはまとめて**三角関数**とよばれ, (4.1),(4.2),(4.3) で定義されたものの一般化であり, $0° < \theta < 90°$ のとき両者の値は一致する.

点 P の x 座標, y 座標はいずれも -1 以上 1 以下だから, $\cos\theta, \sin\theta$ は

$$-1 \leqq \cos\theta \leqq 1, \quad -1 \leqq \sin\theta \leqq 1$$

の範囲の値をとる関数である.

例題 4.3

θ が以下の値のとき, $\cos\theta$, $\sin\theta$, $\tan\theta$ をそれぞれ求めよ.

(1) $\theta = 45°$ (2) $\theta = 405°$ (3) $\theta = -120°$

解答 単位円上に点 $P(\cos\theta, \sin\theta)$ をとる.

(1) 点 P から x 軸に下ろした垂線の足をHとすると, 直角三角形 POH の辺の比 $PH : HO : OP = 1 : 1 : \sqrt{2}$ と $OP = 1$ から, $PH = HO = \dfrac{1}{\sqrt{2}}$ を得る. したがって

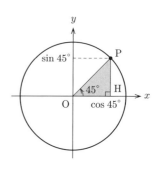

$$\cos 45° = \frac{1}{\sqrt{2}}, \quad \sin 45° = \frac{1}{\sqrt{2}},$$

$$\tan 45° = \frac{\sin 45°}{\cos 45°} = 1.$$

(2) $405° = 45° + 360°$ で, 点 P は (1) と位置が同じ. ゆえに, 三角関数の値も同じ.

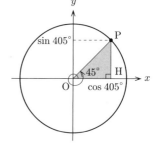

$$\cos 405° = \frac{1}{\sqrt{2}}, \quad \sin 405° = \frac{1}{\sqrt{2}},$$

$$\tan 405° = 1.$$

(3) $\angle POH$ は通常の意味で $60°$ だから $OH = \dfrac{1}{2}, PH = \dfrac{\sqrt{3}}{2}$. 符号に注意して P の座標を考えれば

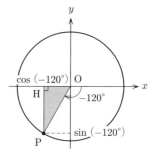

$$\cos(-120°) = -\frac{1}{2},$$

$$\sin(-120°) = -\frac{\sqrt{3}}{2},$$

$$\tan(-120°) = \frac{-\dfrac{\sqrt{3}}{2}}{-\dfrac{1}{2}} = \sqrt{3}.$$

一般角 θ に対して θ の動径と $\theta + n \times 360°$ の動径は一致する. したがって

$$\sin(\theta + n \times 360°) = \sin\theta, \quad \cos(\theta + n \times 360°) = \cos\theta \qquad (4.4)$$

つまり，$\sin\theta$, $\cos\theta$ の値は，θ の値が $360°$ だけ増加するごとに同じ値を繰り返す．したがって，例題 4.3 の (2) は (4.4) を用いて，次のように計算してもよい．

$$\cos 405° = \cos(45° + 360°) = \cos 45° = \frac{1}{\sqrt{2}}.$$

問 4.3 θ が以下の値のとき，$\cos\theta$, $\sin\theta$, $\tan\theta$ をそれぞれ求めよ．

(1)　$\theta = -30°$ 　　　(2)　$\theta = 150°$ 　　　(3)　$\theta = -225°$

(4)　$\theta = 960°$ 　　　(5)　$\theta = -480°$

代表的な角度に対する三角関数の値を下の表に示す．例題 4.3 のように，単位円と直角三角形 POH を描いて三角関数の値を求める練習をするとよい．

θ	$0°$	$30°$	$45°$	$60°$	$90°$	$120°$	$135°$	$150°$	$180°$
$\cos$	1	$\dfrac{\sqrt{3}}{2}$	$\dfrac{1}{\sqrt{2}}$	$\dfrac{1}{2}$	0	$-\dfrac{1}{2}$	$-\dfrac{1}{\sqrt{2}}$	$-\dfrac{\sqrt{3}}{2}$	-1
$\sin$	0	$\dfrac{1}{2}$	$\dfrac{1}{\sqrt{2}}$	$\dfrac{\sqrt{3}}{2}$	1	$\dfrac{\sqrt{3}}{2}$	$\dfrac{1}{\sqrt{2}}$	$\dfrac{1}{2}$	0
$\tan$	0	$\dfrac{1}{\sqrt{3}}$	1	$\sqrt{3}$	なし	$-\sqrt{3}$	-1	$-\dfrac{1}{\sqrt{3}}$	0

【三角関数の間の基本的関係】　　単位円上の点 $P(\cos\theta, \sin\theta)$ に対して $OP^2 = 1$ であることから，次の (4.5) 式が得られる．

$$\sin^2\theta + \cos^2\theta = 1 \tag{4.5}$$

$$1 + \tan^2\theta = \frac{1}{\cos^2\theta} \tag{4.6}$$

(4.6) 式は (4.5) 式の両辺を $\cos^2\theta$ で割って $\tan\theta = \dfrac{\sin\theta}{\cos\theta}$ を用いた結果である．

例題 4.4

θ が第3象限の角で $\cos\theta = -\dfrac{4}{5}$ のとき，$\sin\theta, \tan\theta$ を求めよ．

解答 $\sin^2\theta + \cos^2\theta = 1$ より $\sin^2\theta = 1 - \cos^2\theta = 1 - \left(-\dfrac{4}{5}\right)^2 = \dfrac{9}{25}$.
θ は第3象限の角なので $\sin\theta < 0$ であり

$$\sin\theta = -\sqrt{\dfrac{9}{25}} = -\dfrac{3}{5}, \quad \tan\theta = \dfrac{\sin\theta}{\cos\theta} = \dfrac{-\dfrac{3}{5}}{-\dfrac{4}{5}} = \dfrac{3}{4}$$

である．

問 4.4　次の問いに答えよ．

(1)　θ が第2象限の角で，$\cos\theta = -\dfrac{1}{\sqrt{3}}$ のとき，$\sin\theta, \tan\theta$ を求めよ．

(2)　θ が第4象限の角で，$\sin\theta = -\dfrac{1}{\sqrt{5}}$ のとき，$\cos\theta, \tan\theta$ を求めよ．

(3)　θ が第2象限の角で $\tan\theta = -3$ のとき，$\sin\theta, \cos\theta$ を求めよ．

4.3　余弦定理

三角形 ABC において，$\angle A = \theta$, BC $= a$, CA $= b$, AB $= c$ とおく．このとき，次に示す余弦定理と面積の公式が成り立つ．

> **余弦定理**　$a^2 = b^2 + c^2 - 2bc\cos\theta$
>
> **面積公式**　三角形 ABC の面積を S とすると，$S = \dfrac{1}{2}bc\sin\theta$

余弦定理は，三平方の定理を直角三角形以外に拡張したものである．角度 θ が鋭角の場合，次のように証明できる．図4.3右に示すように三角形を配置し，B から AC に下ろした垂線の足を H とする．このとき，HC$= b - c\cos\theta$ であるから直角三角形 BHC で三平方の定理から

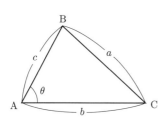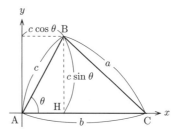

図 4.3 余弦定理と面積公式の参考図

$$a^2 = (b - c\cos\theta)^2 + (c\sin\theta)^2$$
$$= b^2 - 2bc\cos\theta + c^2\cos^2\theta + c^2\sin^2\theta$$
$$= b^2 - 2bc\cos\theta + c^2.$$

面積公式が成立することは図 4.3 の右図から理解しよう.

例題 4.5

三角形 ABC について, 次の問いに答えよ.

(1) AB = 2, BC = 3, ∠A = 60° とき, CA を求めよ.

(2) AB = 3, BC = 4, CA = 2 のとき, 三角形 ABC の面積 S を求めよ.

解答 自分で図を描いて考えよう.

(1) CA = x とおく. 余弦定理より

$$3^2 = x^2 + 2^2 - 2 \cdot x \cdot 2\cos 60° = x^2 - 2x + 4$$

したがって, $x = 1 \pm \sqrt{6}$ である. $x > 0$ だから, CA = $1 + \sqrt{6}$.

(2) ∠A = θ とおく. 余弦定理から

$$4^2 = 3^2 + 2^2 - 2 \cdot 2 \cdot 3 \cdot \cos\theta$$

が成り立つ. したがって, $\cos\theta = -\dfrac{1}{4}$ となる. $0° \leqq \theta \leqq 180°$ なの

で $\sin\theta \geqq 0$ であることと, (4.5) 式から, $\sin\theta = \sqrt{1 - \dfrac{1}{16}} = \dfrac{\sqrt{15}}{4}$.

面積公式より, $S = \dfrac{1}{2} \cdot 2 \cdot 3 \cdot \dfrac{\sqrt{15}}{4} = \dfrac{3\sqrt{15}}{4}$ となる.

問 **4.5**　三角形 ABC について，次の問いに答えよ．

(1)　AB $= 6$, BC $= \sqrt{2}$, CA $= 5\sqrt{2}$ のとき，$\angle$B を求めよ．

(2)　BC $= 6$, CA $= 4$, $\angle$A $= 120°$ のとき，AB を求めよ．

(3)　AB $= 4$, CA $= 5$, $\angle$A $= 150°$ のとき，三角形 ABC の面積 S を求めよ．

(4)　AB $= 2\sqrt{3}$, BC $= 1$, CA $= 4$ のとき，三角形 ABC の面積 S を求めよ．

4.4　弧度法

これまで角度の単位として，$30°$ のように，「°」（度）を用いてきた．このような角度の表し方を**度数法**と呼ぶ．ここで，角度を表す別の単位を紹介しよう．

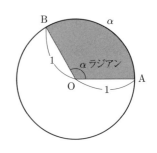

O を中心とする単位円上に異なる 2 点 A, B をとる．中心角 $\angle$AOB に対応する弧 AB の長さを α とするとき，$\angle$AOB の大きさは **α ラジアン**または **α 弧度**であるということにする．この角度の表し方を**弧度法**と呼ぶ．

度数法と弧度法の関係は次のようになる．

$\angle$AOB $= 180°$ のときの弧長は π だから，$180° = \pi$（ラジアン）．これをもとに，下表に示すようにさまざまな角度を度数法から弧度法の数値へと変換できる．また，1（ラジアン）$= \dfrac{180°}{\pi} \approx 57.3°$ であることもわかる．

度	$0°$	$30°$	$45°$	$60°$	$90°$	$120°$	$135°$	$150°$	$180°$
ラジアン	0	$\dfrac{\pi}{6}$	$\dfrac{\pi}{4}$	$\dfrac{\pi}{3}$	$\dfrac{\pi}{2}$	$\dfrac{2\pi}{3}$	$\dfrac{3\pi}{4}$	$\dfrac{5\pi}{6}$	π

!　「°」と違い，普通「ラジアン」という単位は省略される．たとえば，$90° = \dfrac{\pi}{2}$（ラジアン）であるが単に $90° = \dfrac{\pi}{2}$ と書く．

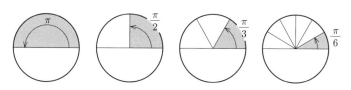

図 4.4　弧度法での典型的な一般角

例題 4.6

α が次の値のとき，$\cos\alpha, \sin\alpha, \tan\alpha$ を求めよ.

(1)　$\alpha = \dfrac{7\pi}{6}$　　(2)　$\alpha = -\dfrac{2\pi}{3}$　　(3)　$\alpha = \dfrac{9\pi}{4}$

解答　図 4.5 を見て考えよう.

(1)　$\cos\dfrac{7\pi}{6} = -\dfrac{\sqrt{3}}{2}, \quad \sin\dfrac{7\pi}{6} = -\dfrac{1}{2}, \quad \tan\dfrac{7\pi}{6} = \dfrac{1}{\sqrt{3}}.$

(2)　$\cos\left(-\dfrac{2\pi}{3}\right) = -\dfrac{1}{2}, \quad \sin\left(-\dfrac{2\pi}{3}\right) = -\dfrac{\sqrt{3}}{2},$

　　$\tan\left(-\dfrac{2\pi}{3}\right) = \sqrt{3}.$

(3)　$\cos\dfrac{9\pi}{4} = \dfrac{1}{\sqrt{2}}, \quad \sin\dfrac{9\pi}{4} = \dfrac{1}{\sqrt{2}}, \quad \tan\dfrac{9\pi}{4} = 1.$

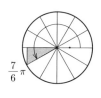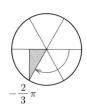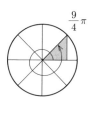

図 4.5　$\dfrac{\pi}{6}, \dfrac{\pi}{3}, \dfrac{\pi}{4}$ を単位として $\dfrac{7\pi}{6}, -\dfrac{2\pi}{3}, \dfrac{9\pi}{4}$ を表す

問 4.6　α が次の値のとき，$\cos\alpha, \sin\alpha, \tan\alpha$ を求めよ.

(1)　$\alpha = \pi$　　　　　(2)　$\alpha = \dfrac{4\pi}{3}$　　　　　(3)　$\alpha = -\dfrac{5\pi}{6}$

(4)　$\alpha = \dfrac{7\pi}{4}$　　　　(5)　$\alpha = -\dfrac{5\pi}{3}$　　　　(6)　$\alpha = -\dfrac{13\pi}{6}$

4.5　三角関数の性質

まず周期性を表す (4.4) をあらためて弧度法で書いたものは次のとおり.

三角関数の性質（その 1）

$$\sin(\theta + 2n\pi) = \sin\theta, \quad \cos(\theta + 2n\pi) = \cos\theta$$

さらに次に示す性質もあるが，例題や問でこれらが成り立つわけを考えよう.

三角関数の性質（その 2）

$$\sin(-\theta) = -\sin\theta, \qquad \cos(-\theta) = \cos\theta, \qquad \tan(-\theta) = -\tan\theta$$

$$\sin(\theta + \pi) = -\sin\theta, \quad \cos(\theta + \pi) = -\cos\theta, \quad \tan(\theta + \pi) = \tan\theta$$

$$\sin\left(\theta + \frac{\pi}{2}\right) = \cos\theta, \quad \cos\left(\theta + \frac{\pi}{2}\right) = -\sin\theta, \quad \tan\left(\theta + \frac{\pi}{2}\right) = -\frac{1}{\tan\theta}$$

例題 4.7

等式 $\sin(-\theta) = -\sin\theta$ が成り立つことを，単位円の図を用いて説明せよ.

解答　$\sin\theta$ と $\sin(-\theta)$ との関係が問題なので角度 θ と $-\theta$ の動径を考えて点 $P(\cos\theta, \sin\theta)$ と点 $P'(\cos(-\theta), \sin(-\theta))$ を単位円上にとる．P' は x 軸について P と対称なので，P' の y 座標 $\sin(-\theta)$ は P の y 座標 $\sin\theta$ と逆符号である．よって $\sin(-\theta) = -\sin\theta$ となる.

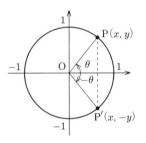

問 4.7　次の問いに答えよ.

(1)　等式 $\cos(-\theta) = \cos\theta$ が成り立つことを，単位円の図を用いて説明せよ.

(2)　等式 $\tan(-\theta) = -\tan\theta$ を示せ.

(3)　等式 $\cos(\theta + \pi) = -\cos\theta$ が成り立つことを，単位円を用いて説明せよ.

(4)　等式 $\sin(\theta + \pi) = -\sin\theta$ が成り立つことを，単位円を用いて説明せよ.

(5)　等式 $\tan(\theta + \pi) = \tan\theta$ を示せ.

4.6 三角関数のグラフ

弧度法で測った一般角を x で表し，関数 $y = \sin x$ のグラフがどのように
なるかを説明する．まず，下図の単位円上の点 P の横軸からの高さは $\sin x$ で
ある．あらためて x を横軸にとった xy 平面を考えて x の値を変えながら点
$(x, \sin x)$ をプロットしてゆくと $y = \sin x$ のグラフが出来上がる．

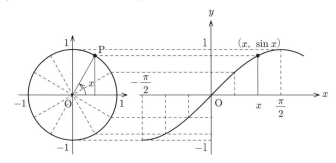

こうして描いた三角関数 $\sin x$, $\cos x$, $\tan x$ のグラフは図 4.6 のようになる．

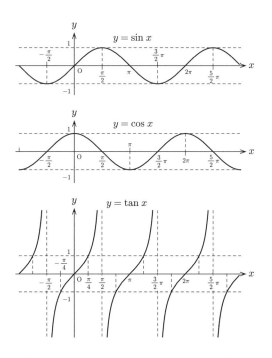

図 4.6 $y = \sin x$, $y = \cos x$, $y = \tan x$ のグラフ

$\sin x$, $\cos x$ のグラフは 2π ごとに同じ形を繰り返すことから，$\sin x$, $\cos x$ は**周期** 2π の**周期関数**であるという．一方，$\tan x$ は周期 π の周期関数である．

図 4.6 の $y = \tan x$ のグラフには，$\tan x$ が定義されない x の位置に灰色の鉛直線が描いてある．グラフの曲線は，たとえば，x が $\dfrac{\pi}{2}$ に近づくと鉛直線 $x = \dfrac{\pi}{2}$ に限りなく近づく．このように，x がある値に限りなく近づくときに関数のグラフ C がある直線 ℓ に限りなく近づくとき，ℓ をグラフ C の**漸近線**という．

図 4.6 の基本的グラフだけでなく，例題 4.8 から 4.10 のようなグラフも描けるようにしよう．

> $y = a\sin x$, $y = a\cos x$, $y = a\tan x$ のグラフは，
> $y = \sin x$, $y = \cos x$, $y = \tan x$ のグラフをそれぞれ y 軸方向に a 倍に拡大・縮小したものである．

例題 4.8

$y = 2\sin x$ のグラフを描け．

解答　$y = 2\sin x$ のグラフは，$y = \sin x$ のグラフを y 軸の方向に 2 倍に拡大したものである．よって次のようになる．

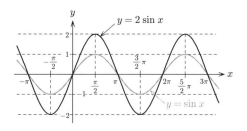

問 4.8　次の関数のグラフを描け．

(1)　$y = 3\sin x$ 　　　(2)　$y = -\dfrac{1}{2}\sin x$ 　　　(3)　$y = \dfrac{1}{2}\cos x$

(4)　$y = 2\cos x$ 　　　(5)　$y = -2\tan x$ 　　　(6)　$y = \sqrt{3}\tan x$

次に $y = \sin 2x$ のグラフについて考えてみよう. $\sin 2x$ の $x = \theta$ における

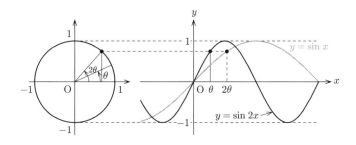

図 **4.7**　　$y = \sin 2x$ のグラフ

値は $\sin x$ の $x = 2\theta$ における値と等しい. このことから, $y = \sin 2x$ のグラフは, $y = \sin x$ のグラフを y 軸に向けて左右から $\dfrac{1}{2}$ に縮小したものになる（また, $y = \sin \dfrac{x}{2}$ のグラフは, 同じように考えると, y 軸から左右に 2 倍伸ばしたものになる）. 一般の結果は次のとおり（a は正の定数）:

> $y = \sin ax,\ y = \cos ax,\ y = \tan ax$ のグラフは,
> $y = \sin x,\ y = \cos x,\ y = \tan x$ のグラフをそれぞれ x 軸方向に
> $\dfrac{1}{a}$ 倍に縮小・拡大したものである.

例題 4.9

$y = \cos 2x$ のグラフを描け.

解答　$y = \cos 2x$ のグラフは, $y = \cos x$ のグラフを x 軸方向に $\dfrac{1}{2}$ 倍に縮小したものである. よって次のようになる.

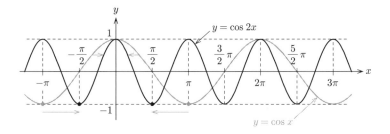

$\cos 2x$ の周期は 2π の半分の π になることに注意しよう.

問 4.9　次の関数のグラフを描け.

(1)　$y = \sin 2x$　　　　(2)　$y = \cos \dfrac{x}{2}$　　　　(3)　$y = \tan \dfrac{x}{2}$

(4)　$y = 2\cos 3x$　　　　(5)　$y = 3\sin \dfrac{x}{2}$　　　　(6)　$y = 2\tan \dfrac{\pi}{2}x$

---

p.42 の【グラフの平行移動】により次が得られる.

$y = \sin(x - a),\ y = \cos(x - a),\ y = \tan(x - a)$ のグラフは,
$y = \sin x,\ y = \cos x,\ y = \tan x$ のグラフをそれぞれ x 軸方向に a だけ平行移動したものである.

例題 4.10

$y = \sin\left(x + \dfrac{\pi}{3}\right)$ のグラフを描け.

解答　$y = \sin\left(x + \dfrac{\pi}{3}\right) = \sin\left(x - \left(-\dfrac{\pi}{3}\right)\right)$ のグラフは $y = \sin x$ のグラフを x 軸方向に $-\dfrac{\pi}{3}$ だけ平行移動したもの. よって, 次のようになる.

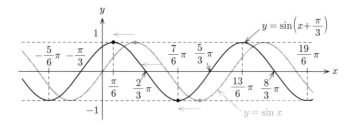

問 4.10　次の関数のグラフを描け.

(1) $y = \sin\left(x - \dfrac{\pi}{6}\right)$　(2) $y = \cos\left(x + \dfrac{\pi}{2}\right)$　(3) $y = \tan\left(x + \dfrac{\pi}{2}\right)$

(4) $y = 2\sin(x - \pi)$　(5) $y = \dfrac{1}{2}\cos\left(x + \dfrac{\pi}{3}\right)$　(6) $y = \dfrac{1}{2}\tan\left(x + \dfrac{\pi}{4}\right)$

4.7 加法定理とその応用

次の加法定理は大変重要な性質である（本章末 p.69 のコラム参照）.

> **加法定理 I**
> $$\sin(\alpha + \beta) = \sin\alpha\,\cos\beta + \cos\alpha\,\sin\beta \qquad (4.7)$$
> $$\cos(\alpha + \beta) = \cos\alpha\,\cos\beta - \sin\alpha\,\sin\beta \qquad (4.8)$$

例題 4.11

正接関数の加法定理 $\tan(\alpha + \beta) = \dfrac{\tan\alpha + \tan\beta}{1 - \tan\alpha\,\tan\beta}$ を導け.

解答 $\tan(\alpha + \beta)$ をサイン, コサインで表し, 加法定理 (4.7), (4.8) を使うと

$$\tan(\alpha + \beta) = \frac{\sin(\alpha + \beta)}{\cos(\alpha + \beta)} = \frac{\sin\alpha\cos\beta + \cos\alpha\sin\beta}{\cos\alpha\cos\beta - \sin\alpha\sin\beta}$$

$$= \frac{\dfrac{\sin\alpha}{\cos\alpha} + \dfrac{\sin\beta}{\cos\beta}}{1 - \dfrac{\sin\alpha}{\cos\alpha}\dfrac{\sin\beta}{\cos\beta}} = \frac{\tan\alpha + \tan\beta}{1 - \tan\alpha\,\tan\beta}.$$

1 行目から 2 行目の変形では, 分母・分子をともに $\cos\alpha\cos\beta$ で割った.

差 $\alpha - \beta$ については次が成り立つ.

> **加法定理 II**
> $$\sin(\alpha - \beta) = \sin\alpha\,\cos\beta - \cos\alpha\,\sin\beta \qquad (4.9)$$
> $$\cos(\alpha - \beta) = \cos\alpha\,\cos\beta + \sin\alpha\,\sin\beta \qquad (4.10)$$

問 4.11 正接関数の加法定理 $\tan(\alpha - \beta) = \dfrac{\tan\alpha - \tan\beta}{1 + \tan\alpha\,\tan\beta}$ を導け.

例題 4.12

$\sin 75°$, $\cos\dfrac{\pi}{12}$ の値を求めよ.

解答　$75° = 30° + 45°$ であるから，加法定理 (4.7) により

$$\sin 75° = \sin(30° + 45°) = \sin 30° \cos 45° + \cos 30° \sin 45°$$

$$= \frac{1}{2} \cdot \frac{1}{\sqrt{2}} + \frac{\sqrt{3}}{2} \cdot \frac{1}{\sqrt{2}} = \frac{\sqrt{2} + \sqrt{6}}{4}.$$

$\dfrac{\pi}{12} = 15° = 45° - 30° = \dfrac{\pi}{4} - \dfrac{\pi}{6}$ であるから (4.10) により

$$\cos \frac{\pi}{12} = \cos\left(\frac{\pi}{4} - \frac{\pi}{6}\right) = \cos \frac{\pi}{4} \cos \frac{\pi}{6} + \sin \frac{\pi}{4} \sin \frac{\pi}{6}$$

$$= \frac{1}{\sqrt{2}} \cdot \frac{\sqrt{3}}{2} + \frac{1}{\sqrt{2}} \cdot \frac{1}{2} = \frac{\sqrt{2} + \sqrt{6}}{4}.$$

問 4.12　次の値を求めよ．

(1)　$\cos 75°$　　　(2)　$\sin 15°$　　　(3)　$\sin 105°$　　　(4)　$\cos 105°$

(5)　$\tan 105°$　　(6)　$\sin \dfrac{5\pi}{12}$　　(7)　$\cos \dfrac{5\pi}{12}$　　(8)　$\cos \dfrac{11\pi}{12}$

(9)　$\sin \dfrac{11\pi}{12}$　　(10)　$\tan \dfrac{11\pi}{12}$

〔ヒント〕　$105° = 45° + 60°,$　　$\dfrac{5\pi}{12} = \dfrac{\pi}{4} + \dfrac{\pi}{6},$　　$\dfrac{11\pi}{12} = \dfrac{3\pi}{4} + \dfrac{\pi}{6}$

┌─ **例題 4.13** ─

次の問いに答えよ．

(1)　加法定理を用いて $\cos 2\alpha = 2\cos^2 \alpha - 1$ を導け．

(2)　(1) の式から $\cos^2 \alpha = \dfrac{1 + \cos 2\alpha}{2}$ を導け．

解答

(1)　加法定理 (4.8) より

$$\cos 2\alpha = \cos(\alpha + \alpha) = \cos \alpha \cos \alpha - \sin \alpha \sin \alpha = \cos^2 \alpha - \sin^2 \alpha$$

となり，さらにこの式に $\sin^2 \alpha + \cos^2 \alpha = 1$ $(\to (4.5))$ を用いると

$$\cos^2 \alpha - \sin^2 \alpha = \cos^2 \alpha - (1 - \cos^2 \alpha) = 2\cos^2 \alpha - 1.$$

(2)　(1) の式の変形 $2\cos^2\alpha = 1 + \cos 2\alpha$ の両辺を 2 で割って

$$\cos^2\alpha = \frac{1 + \cos 2\alpha}{2}.$$

問 4.13 a　次の問いに答えよ.

(1)　加法定理を用いて $\sin 2\alpha = 2\sin\alpha\cos\alpha$ を導け.

(2)　加法定理を用いて $\cos 2\alpha = 1 - 2\sin^2\alpha$ を導け.

(3)　(2) の式から $\sin^2\alpha = \dfrac{1 - \cos 2\alpha}{2}$ を導け.

問 4.13 b　加法定理を用いて次を示せ.

$$\cos(-\theta) = \cos\theta, \quad \cos(\theta + \pi) = -\cos\theta, \quad \cos\left(\theta + \frac{\pi}{2}\right) = -\sin\theta$$

例題 4.13, 問 4.13 a の結果をまとめて次の 2 倍角の公式と半角の公式を得る.

2 倍角の公式

$$\sin 2\alpha = 2\sin\alpha\,\cos\alpha$$
$$\cos 2\alpha = \cos^2\alpha - \sin^2\alpha$$
$$= 2\cos^2\alpha - 1$$
$$= 1 - 2\sin^2\alpha$$

半角の公式

$$\cos^2\alpha = \frac{1 + \cos 2\alpha}{2}$$
$$\sin^2\alpha = \frac{1 - \cos 2\alpha}{2}$$

例題 4.14

半角の公式を用いて $\sin\dfrac{\pi}{8}$ を求めよ.

解答　半角の公式で $\alpha = \dfrac{\pi}{8}$ とおいて

$$\sin^2\frac{\pi}{8} = \frac{1 - \cos\dfrac{\pi}{4}}{2} = \frac{1 - \dfrac{1}{\sqrt{2}}}{2} = \frac{\sqrt{2} - 1}{2\sqrt{2}} = \frac{2 - \sqrt{2}}{4}.$$

$\dfrac{\pi}{8}$ は第一象限の角であるから $\sin\dfrac{\pi}{8} > 0$ であり

$$\sin\frac{\pi}{8} = \frac{\sqrt{2-\sqrt{2}}}{2}.$$

問 4.14 以下の値を求めよ.

(1) $\cos\dfrac{\pi}{8}$　　(2) $\tan\dfrac{\pi}{8}$

例題 4.15

$\theta\ (180° \leqq \theta \leqq 360°)$ が $\cos\theta = \dfrac{1}{3}$ をみたすとき,$\sin 2\theta$, $\cos 2\theta$ を求めよ.

解答　p.65 の 2 倍角の公式を用いる.$\cos 2\theta$ は

$$\cos 2\theta = 2\cos^2\theta - 1 = 2\cdot\frac{1}{9} - 1 = -\frac{7}{9}.$$

$\sin 2\theta = 2\sin\theta\cos\theta$ を用いるには,$\cos\theta$ だけでなく $\sin\theta$ の値も必要.
$180° \leqq \theta \leqq 360°$ より $\sin\theta \leqq 0$ なので

$$\sin\theta = -\sqrt{1-\cos^2\theta} = -\sqrt{1-\left(\frac{1}{3}\right)^2} = -\frac{2\sqrt{2}}{3}$$

がわかる.したがって,2 倍角の公式より,

$$\sin 2\theta = 2\sin\theta\cos\theta = 2\cdot\left(-\frac{2\sqrt{2}}{3}\right)\cdot\frac{1}{3} = -\frac{4\sqrt{2}}{9}.$$

問 4.15　θ と α が ( ) 内の条件をみたしているとき次の問いに答えよ.

(1) $\sin\theta = \dfrac{2}{3}$ のとき,$\cos 2\theta$, $\sin 2\theta$ を求めよ.　$(90° \leqq \theta \leqq 180°)$

(2) $\sin\alpha = \dfrac{3}{4}$ のとき,$\cos 2\alpha$, $\sin 2\alpha$ を求めよ.　$(0 \leqq \alpha \leqq \dfrac{\pi}{2})$

(3) $\cos\dfrac{\theta}{2} = \dfrac{1}{\sqrt{5}}$ のとき,$\cos\theta$, $\sin\theta$ を求めよ.　$(0° \leqq \theta \leqq 180°)$

例題 4.16

$\theta \ (0° \leqq \theta \leqq 180°)$ が $\cos\theta = \dfrac{1}{3}$ をみたすとき, $\cos\dfrac{\theta}{2}, \sin\dfrac{\theta}{2}$ を求めよ.

解答　p.65 の半角の公式で $\alpha = \dfrac{\theta}{2}$ とおいて

$$\cos^2\frac{\theta}{2} = \frac{1 + \cos\left(2 \cdot \dfrac{\theta}{2}\right)}{2} = \frac{1 + \cos\theta}{2} = \frac{1 + \dfrac{1}{3}}{2} = \frac{2}{3},$$

$$\sin^2\frac{\theta}{2} = \frac{1 - \cos\left(2 \cdot \dfrac{\theta}{2}\right)}{2} = \frac{1 - \cos\theta}{2} = \frac{1 - \dfrac{1}{3}}{2} = \frac{1}{3}.$$

ところで, $0° \leqq \dfrac{\theta}{2} \leqq 90°$ であるから $\cos\dfrac{\theta}{2}, \sin\dfrac{\theta}{2} \geqq 0$ である. 以上から

$$\cos\frac{\theta}{2} = \frac{\sqrt{6}}{3}, \quad \sin\frac{\theta}{2} = \frac{\sqrt{3}}{3}.$$

問 4.16　θ と α が ( ) 内の条件をみたしているとき次の問いに答えよ.

(1)　$\cos\theta = -\dfrac{1}{4}$ のとき, $\cos\dfrac{\theta}{2}, \sin\dfrac{\theta}{2}$ を求めよ.　$(0° \leqq \theta \leqq 180°)$

(2)　$\cos 2\alpha = -\dfrac{2}{5}$ のとき, $\cos\alpha, \sin\alpha$ を求めよ.　$(90° \leqq \alpha \leqq 180°)$

(3)　$\cos\theta = -\dfrac{1}{\sqrt{6}}$ のとき, $\cos\dfrac{\theta}{2}, \sin\dfrac{\theta}{2}$ を求めよ.　$(\dfrac{\pi}{2} \leqq \theta \leqq \pi)$

4.8* 三角関数の合成

> **三角関数の合成**
>
> $$a \sin \theta + b \cos \theta = \sqrt{a^2 + b^2}\left(\frac{a}{\sqrt{a^2 + b^2}} \sin \theta + \frac{b}{\sqrt{a^2 + b^2}} \cos \theta \right)$$
>
> $$= \sqrt{a^2 + b^2} \cdot \sin(\theta + \alpha). \tag{4.11}$$
>
> ただし, $\alpha \ (-180° \leqq \alpha \leqq 180°)$ は, 以下で定まる角:
>
> $$\cos \alpha = \frac{a}{\sqrt{a^2 + b^2}}, \qquad \sin \alpha = \frac{b}{\sqrt{a^2 + b^2}}$$

(4.11) 右辺の α は, 平面内に点 $A(a, b)$ をプロットしたときの OA の角度である. 通常 $-180° \leqq \alpha \leqq 180°$ と制限する. また, α は弧度法で書いてもよい.

例題 4.17*

$\sin x + \sqrt{3} \cos x$ を合成せよ.

解答　$\sin x, \cos x$ の係数が $1, \sqrt{3}$ なのでまず平面内に点 $A(1, \sqrt{3})$ をプロットする. OA $= \sqrt{1^2 + (\sqrt{3})^2} = \sqrt{4} = 2$ であり, OA (右図参照) の角 α は $\alpha = \dfrac{\pi}{3}$ である. したがって

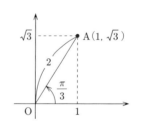

$$\text{与式} = 2\left(\frac{1}{2} \sin x + \frac{\sqrt{3}}{2} \cos x \right)$$

$$= 2\left(\cos \frac{\pi}{3} \sin x + \sin \frac{\pi}{3} \cos x \right)$$

$$= 2 \sin \left(\frac{\pi}{3} + x \right) = 2 \sin \left(x + \frac{\pi}{3} \right).$$

問 4.17*　次の問いに答えよ.
  (1)　$\sin x + \cos x$ を合成せよ.　　(2)　$3 \sin x - \sqrt{3} \cos x$ を合成せよ.

――― コラム：加法定理の図解 ―――

　加法定理 (4.7) を図で説明しよう（加法定理は角の範囲について制限なく成り立つが，ここでは $\alpha, \beta, \alpha+\beta$ は鋭角とする）.

　右図において点 P の座標は

$$\big(\cos(\alpha+\beta),\ \sin(\alpha+\beta)\big).$$

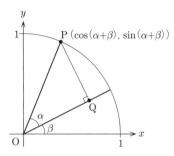

直角三角形 OPQ において,

$$\text{OP} = 1,$$
$$\text{PQ} = \sin\alpha,$$
$$\text{OQ} = \cos\alpha.$$

補助的に長方形 ORST（下図）を描くと加法定理の意味が明瞭になる.

直角三角形 PQS において，斜辺 PQ$= \sin\alpha$, $\angle$PQS$= \beta$ だから,

$$\text{SQ} = \text{PQ} \cdot \cos\beta = \sin\alpha\cos\beta.$$

一方，直角三角形 QOR において，斜辺 OQ$= \cos\alpha$, $\angle$QOR$= \beta$ だから,

$$\text{QR} = \text{OQ} \cdot \sin\beta = \cos\alpha\sin\beta.$$

よって,　　$\sin(\alpha + \beta) = \text{TO} = \text{SQ} + \text{QR} = \sin\alpha\cos\beta + \cos\alpha\sin\beta.$

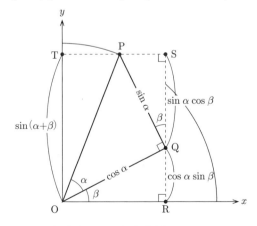

TP $=$ OR $-$ PS から加法定理 (4.8) を説明してみよ.

5 指数関数・対数関数

5.1 累乗と指数

$a = a^1, a \times a = a^2, a \times a \times a = a^3, \cdots$ のように，一般に a を n 個掛け合わせたものを a^n と書いて a の n 乗 あるいは a の累乗という．また，a^n の"肩"にある n を指数と呼ぶ．

$$\overbrace{a \cdot a \cdot a \cdots a}^{n \text{ 個}} = a^n \quad (n = 1, 2, 3, \cdots).$$

さらに，指数が 0 や負の整数の場合にも次のように拡張する．

$$a^0 = 1, \tag{5.1}$$

$$a^{-n} = \frac{1}{a^n} \quad (n = 1, 2, 3, \cdots) \tag{5.2}$$

例題 5.1

次の計算をせよ．

  (1) $(-1)^{-2}$ (2) 5^0 (3) $\left(\dfrac{1}{2}\right)^{-3}$ (4) $\dfrac{1}{a^{-2}}$

解答

  (1) $(-1)^{-2} = \dfrac{1}{(-1)^2} = \dfrac{1}{(-1) \times (-1)} = \dfrac{1}{1} = 1.$

  (2) $5^0 = 1.$

(3)　$\left(\dfrac{1}{2}\right)^{-3} = \dfrac{1}{\left(\dfrac{1}{2}\right)^3} = \dfrac{1}{\dfrac{1}{8}} = 8.$

(4)　$\dfrac{1}{a^{-2}} = \dfrac{1}{\dfrac{1}{a^2}} = \dfrac{1 \times a^2}{\dfrac{1}{a^2} \times a^2} = \dfrac{a^2}{1} = a^2.$

上の例題 5.1 (4) からもわかるように, (5.2) は n が負の整数のときも成り立つ. $n = 0$ のときも成り立つので, 結局, <u>すべての整数 n に対して</u>

$$a^{-n} = \dfrac{1}{a^n}$$

となる. これから $\dfrac{1}{2^{-3}}$ などは $\dfrac{1}{2^{-3}} = 2^{-(-3)} = 2^3 = 8$ と計算できる.

問 5.1 　次の計算をせよ.

(1)　-3^{-2} 　　(2)　$(-3)^{-2}$ 　　(3)　$\left(\dfrac{1}{3}\right)^{-2}$ 　　(4)　$(-1)^{-100}$

(5)　$\dfrac{1}{1^{-9}}$ 　　(6)　$\dfrac{1}{2^{-5}}$ 　　(7)　$\dfrac{1}{(-3)^{-3}}$ 　　(8)　$(-3)^0$

累乗の積を考えよう. たとえば

$$a^5 \times a^{-3} = (a \times a \times a \times a \times a) \times \dfrac{1}{a \times a \times a} = a \times a = a^2$$

であるが, これは指数だけに着目して $a^5 \times a^{-3} = a^{5+(-3)} = a^2$ と指数の足し算で簡単に答えが出る. この例に見られるように, 次の**指数法則**が任意の整数 m, n に対して成り立つ.

$$a^m \cdot a^n = a^{m+n}, \qquad (a^m)^n = a^{mn}, \qquad a^m \div a^n = \dfrac{a^m}{a^n} = a^{m-n}$$

$$a^m b^m = (ab)^m, \qquad \left(\dfrac{a}{b}\right)^m = \dfrac{a^m}{b^m}$$

例題 5.2

次の計算をせよ.

(1)　$2^{-4} \times 2^3$　　(2)　$2^{19} \div 2^{-9} \div (2^3)^9$　　(3)　$(a^2 b)^2 \times (-a^3 b^2)^{-1}$

解答

(1)　$2^{-4} \times 2^3 = 2^{-4+3} = 2^{-1} = \dfrac{1}{2}$.

(2)　$2^{19} \div 2^{-9} \div (2^3)^9 = 2^{19} \times 2^{-(-9)} \times 2^{-27} = 2^{19+9-27} = 2^1 = 2$.

(3)　$(a^2 b)^2 \times (-a^3 b^2)^{-1} = a^4 b^2 \times (-1)^{-1} a^{-3} b^{-2} = \dfrac{1}{-1} a^{4-3} b^{2-2}$

$\quad = -a^1 b^0 = -a$.

問 5.2 a　次の計算をせよ.

(1)　$-2 \cdot 3^2$　　　　　　(2)　$(-2 \cdot 3)^2$　　　　　(3)　$8^{10} \cdot 8^{-10}$

(4)　$5^{-8} \cdot 5^{11}$　　　　　(5)　$3^{13} \cdot 9^{-5}$　　　　(6)　$4^4 \div 2^5$

(7)　$3a \times (6ab^{-2})^{-1}$　(8)　$6^8 \div 2^7 \times 3^{-6}$　(9)　$2^{19} \div (2^{-9} \times 2^{27})$

(10)　$4 \times 10^8 \div (2 \times 10^5)$　　　(11)　$a^2 b^3 \times \dfrac{4}{a^{-2} b} \div (2a^3 b^2)$

問 5.2 b　ある湖では, 4 メートル深くなるごとに明るさが半分になるという. 水深 12 メートルでの明るさは, 湖面の明るさの何倍か.

$a > 0, n$ を正の整数とするとき, $a^{\frac{1}{n}}, a^{-\frac{1}{n}}$ をそれぞれ

$$a^{\frac{1}{n}} = \sqrt[n]{a} = n \text{ 乗すると } a \text{ になる正の数}, \quad a^{-\frac{1}{n}} = \dfrac{1}{a^{\frac{1}{n}}}$$

とする. $a^{\frac{1}{n}}$ を a の n **乗根**という. なお, 2 乗根 (平方根) にかぎり, $\sqrt[2]{a}$ ではなく単に $\sqrt{a}$ と書く.

例題 5.3

次の計算をせよ.

(1)　$8^{\frac{1}{3}}$　　(2)　$\sqrt[4]{81}$　　(3)　$8^{-\frac{1}{3}}$

解答

(1) $8^{\frac{1}{3}} = 3$ 乗すると 8 になる正の数 $= 2$.

(2) $\sqrt[4]{81} = 4$ 乗すると 81 になる正の数 $= 3$　$(81 = 3^4$ を思い出そう$)$.

(3) $8^{-\frac{1}{3}} = \dfrac{1}{8^{\frac{1}{3}}} = \dfrac{1}{2}$.

問 5.3 次の値を求めよ.

(1) $4^{\frac{1}{2}}$　　　(2) $27^{\frac{1}{3}}$　　　(3) $16^{\frac{1}{2}}$　　　(4) $\sqrt[4]{16}$

(5) $\sqrt[5]{32}$　　　(6) $64^{\frac{1}{3}}$　　　(7) $\sqrt[3]{125}$　　　(8) $1000^{\frac{1}{3}}$

(9) $4^{-\frac{1}{2}}$　　(10) $256^{-\frac{1}{8}}$　　(11) $\left(\dfrac{1}{4}\right)^{-\frac{1}{2}}$　　(12) $0.008^{-\frac{1}{3}}$

　実際には, 以上の問題のように n 乗根が最終的には整数や有理数になる場合は例外的であり, $\sqrt{2}$ のように根号 $\sqrt[n]{}$ は外れないことが多い.

【有理数乗】　有理数乗は次のように定める. まず, $a > 0$, m, n を正の整数とするとき, $(a^{\frac{1}{n}})^m = (a^m)^{\frac{1}{n}}$ が示せる. 指数法則が成り立つように累乗を拡張し, a の有理数乗を次のように定義するのが自然である.

$$a^{\frac{m}{n}} = (a^{\frac{1}{n}})^m = (a^m)^{\frac{1}{n}}, \quad a^{-\frac{m}{n}} = \dfrac{1}{a^{\frac{m}{n}}}$$

例題 5.4

次の計算をせよ.

(1) $8^{\frac{2}{3}}$　　(2) $16^{-\frac{1}{2}}$　　(3) $25^{-\frac{3}{2}}$　　(4) $(\sqrt[4]{9})^2$

解答

(1) $8^{\frac{2}{3}} = (8^{\frac{1}{3}})^2 = 2^2 = 4$.

(2) $16^{-\frac{1}{2}} = \dfrac{1}{16^{\frac{1}{2}}} = \dfrac{1}{4}$.　$($あるいは $16^{-\frac{1}{2}} = (16^{\frac{1}{2}})^{-1} = 4^{-1} = \dfrac{1}{4})$

(3) $25^{-\frac{3}{2}} = \dfrac{1}{25^{\frac{3}{2}}} = \dfrac{1}{(25^{\frac{1}{2}})^3} = \dfrac{1}{5^3} = \dfrac{1}{125}$.

$$(\text{あるいは } 25^{-\frac{3}{2}} = (25^{\frac{1}{2}})^{-3} = 5^{-3} = \frac{1}{125})$$

(4) $(\sqrt[4]{9})^2 = (9^{\frac{1}{4}})^2 = 9^{\frac{2}{4}} = 9^{\frac{1}{2}} = 3.$

問 5.4 次の計算をせよ.

(1) $4^{\frac{3}{2}}$ (2) $8^{\frac{4}{3}}$ (3) $9^{\frac{3}{2}}$ (4) $16^{\frac{3}{4}}$

(5) $27^{\frac{2}{3}}$ (6) $4^{-\frac{1}{2}}$ (7) $125^{-\frac{2}{3}}$ (8) $36^{-\frac{1}{2}}$

(9) $1000^{\frac{2}{3}}$ (10) $100^{-\frac{3}{2}}$ (11) $(\sqrt[6]{27})^2$ (12) $(\sqrt[4]{25})^2$

指数法則は有理数乗についても成り立つ. つまり $a > 0, b > 0, x, y$ が有理数のとき

$$a^x a^y = a^{x+y}, \quad (a^x)^y = a^{xy}, \quad \frac{a^x}{a^y} = a^{x-y}$$

$$(ab)^x = a^x b^x, \quad \left(\frac{a}{b}\right)^x = \frac{a^x}{b^x}$$

さらに, 指数の範囲は実数まで拡張することができ, このときも指数法則が成り立つことがわかっている.

> ! 一般に $(a+b)^x = a^x + b^x$ は成り立た**ない**. たとえば, $(1+2)^4 = 81$ と $1^4 + 2^4 = 17$ は異なる.

例題 5.5

次の計算をせよ. ただし, $a > 0, b > 0, x > 0$ とする.

(1) $9^{\frac{1}{3}} \times 9^{\frac{1}{6}}$ (2) $(2^6)^{-\frac{1}{3}}$ (3) $\dfrac{4^{-\frac{1}{6}} \times 4^{\frac{5}{6}}}{4^{-\frac{1}{3}}}$

(4) $\sqrt{9x} \times \dfrac{1}{\sqrt{x}}$ (5) $\dfrac{\sqrt{a^3 b} \times \sqrt[6]{b}}{\sqrt[3]{ab^2}}$

解答

(1) $9^{\frac{1}{3}} \times 9^{\frac{1}{6}} = 9^{\frac{1}{3}+\frac{1}{6}} = 9^{\frac{1}{2}} = 3$

(2) $(2^6)^{-\frac{1}{3}} = 2^{6 \times (-\frac{1}{3})} = 2^{-2} = \dfrac{1}{4}$

(3) $\dfrac{4^{-\frac{1}{6}} \times 4^{\frac{5}{6}}}{4^{-\frac{1}{3}}} = 4^{-\frac{1}{6}} \times 4^{\frac{5}{6}} \times 4^{-\left(-\frac{1}{3}\right)} = 4^{-\frac{1}{6}+\frac{5}{6}+\frac{1}{3}} = 4^1 = 4$

(4) $\sqrt{9x} \times \dfrac{1}{\sqrt{x}} = \sqrt{9} \times \sqrt{x} \times \dfrac{1}{\sqrt{x}} = 3 \times \sqrt{x} \times \dfrac{1}{\sqrt{x}} = 3$

(5) $\dfrac{\sqrt{a^3b} \times \sqrt[6]{b}}{\sqrt[3]{ab^2}} = \dfrac{(a^3b)^{\frac{1}{2}} \times b^{\frac{1}{6}}}{(ab^2)^{\frac{1}{3}}} = a^{\frac{3}{2}} b^{\frac{1}{2}} \cdot b^{\frac{1}{6}} \cdot a^{-\frac{1}{3}} b^{-\frac{2}{3}} = a^{\frac{7}{6}}$

問 5.5　以下の計算をせよ．ただし，a, b, x はすべて正とする．

(1) $4^{\frac{1}{6}} \times 4^{\frac{1}{3}}$　　(2) $8^{\frac{1}{2}} \times 8^{\frac{1}{6}}$　　(3) $9^{\frac{5}{3}} \times 9^{-\frac{1}{6}}$

(4) $(2^2)^3$　　(5) $(3^{10})^{\frac{1}{5}}$　　(6) $(2^4)^{-\frac{1}{2}}$

(7) $\dfrac{27^{\frac{5}{6}} \times 27^{-\frac{2}{3}}}{27^{\frac{1}{2}}}$　　(8) $\dfrac{a^{\frac{1}{2}} \times a^{\frac{4}{3}}}{a^{-\frac{1}{6}}}$　　(9) $\dfrac{ab^{-1} \times ab^2}{(ab)^2}$

(10) $\dfrac{8 \times \sqrt{8}}{\sqrt[6]{8}}$　　(11) $\sqrt{x^3} \times \sqrt{x}$　　(12) $\dfrac{\sqrt{6} \times \sqrt{3}}{\sqrt{2}}$

(13) $\sqrt{25x} \times \sqrt{x}$　　(14) $\dfrac{\sqrt{x}}{x}$　　(15) $\dfrac{x}{\sqrt[3]{x}}$

(16) $\sqrt{x} \times \sqrt{\dfrac{4}{x}}$　　(17) $\dfrac{\sqrt{8a^3b}}{\sqrt{2ab}}$　　(18) $\dfrac{\sqrt{a^3b} \times \sqrt[3]{ab^2}}{\sqrt[6]{a^5b}}$

5.2　指数関数

a が 1 以外の正の定数のとき，

$$y = a^x$$

は x の関数であるが，これを **a を底とする指数関数** という（$a = 1$ のとき，$a^x = 1^x = 1$ は定数関数）．指数関数のグラフはおよそ図 5.1 のようになる．$a > 1$ のときは指数 x が大きいほど a^x は大きくなり，$0 < a < 1$ の場合は指数 x が大きいほど a^x は小さくなる．また，いずれの場合も，x 軸が漸近線となる．

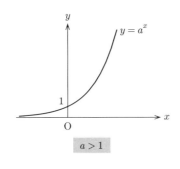
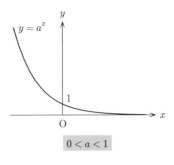

$a > 1$

$0 < a < 1$

図 5.1　$a > 1$ のときと $0 < a < 1$ のときの $y = a^x$ のグラフ.

例題 5.6

指数関数 $y = 2^x$ において $x = -2, -1, 0, 1, 2, 3$ に対して y の値を計算し，$y = 2^x$ のグラフを描け.

解答　$2^{-2} = \dfrac{1}{4}$,　$2^{-1} = \dfrac{1}{2}$,　$2^0 = 1$,
$2^1 = 2$,　$2^2 = 4$,　$2^3 = 8$. 以上の結果を
まとめると次の表のようになる.

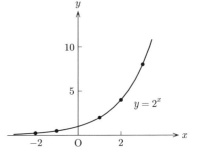

x	$\cdots$	-2	-1	0	1	2	3	$\cdots$
y	$\cdots$	$\dfrac{1}{4}$	$\dfrac{1}{2}$	1	2	4	8	$\cdots$

これらの (x, y) を座標にもつ点をとり，
滑らかな曲線でつなげばよい.

問 5.6　次の指数関数のグラフを描け.

(1)　$y = 3^x$　　　　　(2)　$y = 2^{-x}$　　　　　(3)　$y = \left(\dfrac{1}{3}\right)^x$

(4)　$y = 2^x - 1$　　　(5)　$y = 2^{x-1}$　　　　(6)　$y = 3^{x+1}$

〔ヒント〕(4), (5), (6) では p.42【グラフの平行移動】を使って描いてもよい.

5.3 対数

「2 を何乗したら 8 になるか」すなわち，式

$$8 = 2^\square$$

において □ に入る値は何か，という問いを考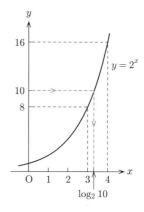
えてみよう．$8 = 2^3$ から，答えは 3 と容易に
わかる（3 だけであることを右図から読みとっ
てほしい）．

しかし「2 を何乗したら 10 になるか」の答
えは単純ではなく，無限小数 $3.32193\cdots$，つ
まり

$$2^{3.32193\cdots} = 10$$

であることがわかっている．答えとなる数を簡単に書き表すために $3.32193\cdots$
のかわりに記号 $\log_2 10$ が用いられる．すなわち，$2^{\log_2 10} = 10$ である．

一般には，$a > 0, a \neq 1$ のとき任意の正の数 b に対して，等式

$$a^\square = b \tag{5.3}$$

の □ にあてはまる数を $\log_a b$ と書くのである．$\log_a b$ を，**a を底とする b の
対数**という．また，b は**真数**という．$b \leq 0$ の場合は，(5.3) をみたす実数は存
在しないので，真数 b は正の場合に限られる．

$\log_a b$ の定義から

$$a^{\log_a b} = b \tag{5.4}$$

が成り立つ．このことより，次の事柄がいえる．

$$a^\square = b \quad \text{のとき} \quad \square = \log_a b$$

特に，次の結果はしばしば使うので覚えておくとよい．

$$\log_a 1 = 0, \quad \log_a a = 1$$

$a^\square = 1$ となるのは $\square = 0$ のときのみであるから $\log_a 1 = 0$. また，$a^\square = a$ となるのは $\square = 1$ のときに限るから $\log_a a = 1$ となる.

例題 5.7

次の $\square$ にあてはまる数を log 記号を使って表せ.

(1)　$2^\square = 3$　　　(2)　$2^\square = 1$　　　(3)　$10^\square = 5$

解答　(1)　$\square = \log_2 3$.　　(2)　$\square = \log_2 1 = 0$.　　(3)　$\square = \log_{10} 5$.

問 5.7　次の $\square$ にあてはまる数を log 記号を使って表せ.

(1)　$2^\square = 32$　　　　　(2)　$2^\square = \dfrac{1}{5}$　　　　　(3)　$3^\square = 8$

(4)　$\left(\dfrac{1}{2}\right)^\square = 3$　　　　(5)　$10^\square = 0.01$　　　　(6)　$0.5^\square = 4$

例題 5.8

次の値を求めよ.

(1)　$\log_2 8$　　　(2)　$\log_3 \dfrac{1}{9}$　　　(3)　$3^{\log_3 100}$

解答

(1)　$\log_2 8$ は $2^\square = 8$ の $\square$ である. $8 = 2^3$ なので $\square = \log_2 8 = 3$.

(2)　$\log_3 \dfrac{1}{9}$ は $3^\square = \dfrac{1}{9}$ の $\square$ である. $\dfrac{1}{9} = 3^{-2}$ なので $\log_3 \dfrac{1}{9} = -2$.

(3)　$\log_3 100$ は $3^\square = 100$ の $\square$. したがって，$3^{\log_3 100} = 100$ である $(\to (5.4))$.

この例題からわかるように，$\log_a b$ の値を求めることは真数 b が底 a の何乗かを求めることである. つまり $b = a^p$ とわかったなら $\log_a b = \log_a a^p = p$ とできる. よって例題 5.8 の (1), (2) は，次のように計算してもよい.

$$\log_2 8 = \log_2 2^3 = 3, \qquad \log_3 \frac{1}{9} = \log_3 3^{-2} = -2.$$

問 **5.8**　次の値を求めよ.

(1)　$\log_3 27$　　　(2)　$\log_2 \dfrac{1}{8}$　　　(3)　$\log_2 1024$　　　(4)　$\log_{\frac{1}{2}} 32$

(5)　$\log_3 \sqrt{3}$　　　(6)　$2^{\log_2 5}$　　　(7)　$4^{\log_2 5}$

log に関する等式は, 指数に関する等式に書き換えられるし, 逆も可能である.

$$\log_a b = c \iff a^c = b.$$

─ 例題 **5.9** ─

(1)　指数の関係式 $4^{\frac{1}{2}} = 2$ を対数の関係式に書き直せ.

(2)　対数の関係式 $\log_3 81 = 4$ を指数の関係式に書き直せ.

解答　(1)　$\log_4 2 = \dfrac{1}{2}$　　　(2)　$3^4 = 81$

問 **5.9**　以下で, 指数の関係式は対数の関係式に, 対数の関係式は指数の関係式に書き直せ.

(1)　$2^3 = 8$　　　　(2)　$3^{-2} = \dfrac{1}{9}$　　　(3)　$100^{\frac{1}{2}} = 10$

(4)　$\left(\dfrac{1}{2}\right)^{-2} = 4$　　(5)　$\log_2 16 = 4$　　(6)　$\log_9 3 = \dfrac{1}{2}$

(7)　$\log_{10} 0.001 = -3$　　(8)　$\log_{\frac{1}{2}} 8 = -3$

【対数の性質】

> **対数法則**　　　(1)　$\log_a p + \log_a q = \log_a(pq)$
>
> 　　　　　　　　(2)　$\log_a p - \log_a q = \log_a \dfrac{p}{q}$
>
> 　　　　　　　　(3)　$q \log_a p = \log_a p^q$

証明　定義から, 右辺の $\log_a(pq)$ は等式 $a^{\square} = pq$ の $\square$ にあてはまる (唯一の) 数である. また, 左辺の $\log_a p + \log_a q$ も, 指数法則に基づく計算

$$a^{\log_a p + \log_a q} = a^{\log_a p} \cdot a^{\log_a q} = pq$$

から同じ □ にあてはまる数である．よって (1) が成り立つ．(2) については，両辺がそれぞれ $a^{\square} = \dfrac{p}{q}$ の □ に当てはまること，(3) については，両辺がそれぞれ $a^{\square} = p^q$ の □ に当てはまることを示せばよいが，詳細は略する．

例題 5.10

次の計算をせよ．

  (1) $2\log_5 15 - \log_5 9$ (2) $\log_2 \sqrt{6} - \dfrac{1}{2}\log_2 3$

解答

  (1) $2\log_5 15 - \log_5 9 = \log_5 (3 \times 5)^2 - \log_5 3^2 = \log_5 \dfrac{3^2 \cdot 5^2}{3^2} = \log_5 5^2$
      $= 2$．または，次のように計算してもよい．

      $2\log_5 15 - \log_5 9 = 2\log_5 (3 \times 5) - \log_5 3^2$
      $= 2\log_5 3 + 2\log_5 5 - 2\log_5 3 = 2$

  (2) $\log_2 \sqrt{6} - \dfrac{1}{2}\log_2 3 = \log_2 \sqrt{6} - \log_2 \sqrt{3} = \log_2 \dfrac{\sqrt{6}}{\sqrt{3}} = \log_2 \sqrt{2} = \dfrac{1}{2}$
      または，次のように計算してもよい．

      $\log_2 \sqrt{6} - \dfrac{1}{2}\log_2 3 = \dfrac{1}{2}\log_2 (2 \times 3) - \dfrac{1}{2}\log_2 3$
      $= \dfrac{1}{2}\log_2 2 + \dfrac{1}{2}\log_2 3 - \dfrac{1}{2}\log_2 3 = \dfrac{1}{2}$

問 5.10　次の計算をせよ．

  (1) $\log_{12} 3 + \log_{12} 4$ (2) $\log_6 3 + \log_6 12$

  (3) $2\log_3 6 - \log_3 4$ (4) $\log_2 9 - 2\log_2 6$

  (5) $\log_3 4 + 2\log_3 \dfrac{1}{2}$ (6) $2\log_{10} 5 + \log_{10} 8 - \log_{10} 2$

  (7) $\log_5 2 + \log_5 1000 - 2\log_5 4$ (8) $2\log_2 15 - 2\log_2 3 - \log_2 25$

  (9) $\log_3 \sqrt{12} - \dfrac{1}{2}\log_3 4$ (10) $3\log_2 \sqrt[3]{6} - \log_2 3$

例題 5.11

$\log_{10} 2 = 0.301$, $\log_{10} 3 = 0.477$ とし，次の対数の値を求めよ．

(1) $\log_{10} 5$　　(2) $\log_{10} 60$

解答

(1) $\log_{10} 5 = \log_{10} \dfrac{10}{2} = \log_{10} 10 - \log_{10} 2 = 1 - 0.301 = 0.699$.

(2) $\log_{10} 60 = \log_{10}(2^2 \cdot 3 \cdot 5) = 2\log_{10} 2 + \log_{10} 3 + \log_{10} 5 = 1.778$.

問 5.11 次の計算をせよ．ただし $\log_{10} 2 = 0.301$, $\log_{10} 3 = 0.477$ とする．

(1) $\log_{10} 4$　　　　(2) $\log_{10} 6$　　　　(3) $\log_{10} \dfrac{1}{8}$

(4) $\log_{10} 15$　　　(5) $\log_{10} 0.008$　　(6) $\log_{10} 1.25$

【底の変更】* 　$a^{\log_a b \cdot \log_b c} = (a^{\log_a b})^{\log_b c} = b^{\log_b c} = c$ と対数の定義より $\log_a b \cdot \log_b c = \log_a c$ を得る．両辺を $\log_a b$ で割って，

$$\log_b c = \frac{\log_a c}{\log_a b} \qquad (5.5)$$

となる．ここで，a は 1 以外の任意の正の数 である．式 (5.5) は，**底の変換公式**という．底が 10 の対数を**常用対数**というが，底を 2 から 10 へと変更するときなど $\log_{10} c = \dfrac{\log_2 c}{\log_2 10} = 0.30103\cdots \times \log_2 c$ と変更できる．ここで，$\log_2 10 = 3.32193\cdots$ を使った．

例題 5.12*

次の計算をせよ．

(1) $\log_4 8$　　(2) $\log_3 6 - \log_9 4$

解答

(1) $4 = 2^2$, $8 = 2^3$ だから底を 2 にそろえて，$\log_4 8 = \dfrac{\log_2 8}{\log_2 4} = \dfrac{3}{2}$.

(2)　底を 3 にそろえる．$\log_9 4 = \dfrac{\log_3 4}{\log_3 9} = \dfrac{1}{2}\log_3 4 = \log_3 \sqrt{4} = \log_3 2$

より，与式 $= \log_3 6 - \log_3 2 = \log_3 \dfrac{6}{2} = \log_3 3 = 1.$

問 5.12*　次の計算をせよ．

(1)　$\log_9 3$　　　　　(2)　$\log_8 16$　　　　　(3)　$\log_4 8\sqrt{2}$

(4)　$\log_3 2 - \log_9 4$　　(5)　$\log_2 6 \cdot \log_6 4$　　(6)　$\log_a b \cdot \log_b a$

5.4　対数関数

$\underline{a > 0,\, a \neq 1}$ なる a を固定するとき，真数 $x\,(>0)$ を独立変数と考えた

$$y = \log_a x$$

を，**a を底とする対数関数**という．$y = \log_a x$ のとき $a^y = a^{\log_a x} = x$ であるから，対数関数は指数関数の x と y を入れ替えたもの，つまり，逆関数であることがわかる．典型的な対数関数のグラフを図 5.2 に示した．

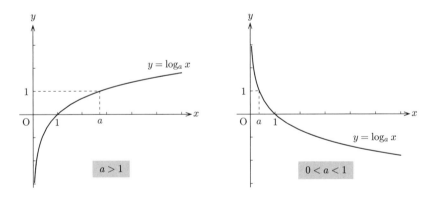

図 5.2　$a > 1$ のときと $0 < a < 1$ のときの $y = \log_a x$ のグラフ．

x が正の値をとりながら限りなく 0 に近づくとき，グラフは図 5.2 に描かれているように限りなく y 軸に近づく．これは，$y = \log_a x$ のグラフの漸近線が $x = 0$ であることを意味している．

例題 5.13

$y = \log_2 x$ のグラフを描け.

解答 $\log_2 x$ の値を計算しやすい x の値を選ぶ. たとえば, $2^{-2}, 2^{-1}, 2^0, 2^1, 2^2$ つまり $\dfrac{1}{4}, \dfrac{1}{2}, 1, 2, 4$ に対して $\log_2 x$ の値を計算し, 結果を表にまとめると次のようになる:

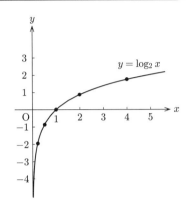

x	$\cdots$	$\dfrac{1}{4}$	$\dfrac{1}{2}$	1	2	4	$\cdots$
y	$\cdots$	-2	-1	0	1	2	$\cdots$

この結果を使って点 (x, y) をプロットして, 滑らかな曲線でつなげばよい. 右図がその結果である.

第3章【グラフの平行移動】を思い出すと, たとえば, $y = \log_2(x-3)$ のグラフは $y = \log_2 x$ のグラフ (例題 5.13) を図 5.3 に示したように x 軸の方向に 3 だけ平行移動したものになる. 定義域は $x > 3$ であり, x が 3 よりも大きい値をとりながら 3 に近づくときグラフは直線 $x = 3$ に近づく. つまり, グラフは漸近線 $x = 3$ をもっている.

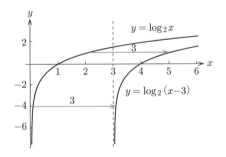

図 **5.3** 関数 $y = \log_2(x-3)$ のグラフと漸近線.

問 **5.13**　例題 5.13 にならって（グラフの平行移動の方法を用いてもよい），次の対数関数のグラフを描け．また漸近線を求めよ．

(1)　$y = \log_{10} x$　　(2)　$y = \log_3 x$　　　　(3)　$y = \log_{\frac{1}{2}} x$

(4)　$y = \log_{\frac{1}{3}} x$　　(5)　$y = \log_2(x - 2)$　　(6)　$y = \log_3(x + 1)$

【指数・対数の方程式と不等式】

例題 5.14

次の方程式，不等式を解け．

(1)　$\left(\dfrac{1}{2}\right)^{x-1} = 8$　　(2)　$\left(\dfrac{1}{2}\right)^{x-1} = 7$　　(3)　$\left(\dfrac{1}{2}\right)^{x} \geqq \dfrac{1}{8}$

(4)　$\log_3(x + 1) = 2$　　(5)　$\log_{\frac{1}{2}}(x - 2) > 2$

解答

(1)　与式は $2^{-x+1} = 8 = 2^3$ とできるので両辺の指数部分を比較して $-x + 1 = 3$, すなわち $x = -2$.

(2)　与式は $2^{-x+1} = 7$ とできるから，対数の関係式に直すと $-x + 1 = \log_2 7$, すなわち $x = 1 - \log_2 7$.

(3)　$\left(\dfrac{1}{2}\right)^{x} \geqq \left(\dfrac{1}{2}\right)^{3}$ と書けるが，底は 1 よりも小さいので不等号の向きが変わって $x \leqq 3$.

(4)　指数の関係式として表すと $3^2 = x + 1$, すなわち $x = 8$.

(5)　底が $\dfrac{1}{2}$ と 1 よりも小さいので，$y = \log_{\frac{1}{2}}(x - 2)$ のグラフは $x = 2$ を漸近線としてもつ右下がりのグラフ（次ページの図参照）になる．
したがって，等式

$$\log_{\frac{1}{2}}(x - 2) = 2$$

をみたす解よりも小さい x（ただし真数 > 0 より $x > 2$）が求める解となる．上の方程式の解は

$$\left(\dfrac{1}{2}\right)^{2} = x - 2$$

より $x = \dfrac{9}{4}$. したがって,

$$2 < x < \dfrac{9}{4}.$$

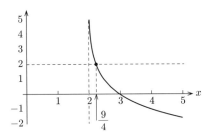

問 5.14 次の方程式, 不等式を解け.

(1) $2^{x+3} = 4$

(2) $2^{x+4} > 2^{-x}$

(3) $\left(\sqrt{2}\right)^x = \dfrac{1}{2}$

(4) $2^x = 3 \cdot \left(\sqrt{2}\right)^x$

(5) $\log_3(x-1) = 2$

(6) $\log_4(x+1) = \dfrac{1}{2}$

(7) $\log_{\frac{1}{2}}(x-2) \leqq 2$

(8) $\log_2\left(\dfrac{1}{2}x + 1\right) = \dfrac{1}{3}$

6 微　分

6.1　導関数

　曲線 $y = f(x)$ の点 $\mathrm{A}(a, f(a))$ における
接線 ℓ_{A} の傾きを求めよう（右図）.

　$y = f(x)$ 上の点 $\mathrm{B}(a + h, f(a + h))$ を
とり（図 6.1）, B を A に限りなく近づける
$(h \to 0)$. このとき, 直線 AB は接線 ℓ_{A} に
限りなく近づき, それに伴って, 直線 AB の
傾き $\dfrac{f(a + h) - f(a)}{h}$ は接線 ℓ_{A} の傾きに
限りなく近づく.

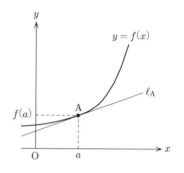

　よって, $h \to 0$ のときに $\dfrac{f(a + h) - f(a)}{h}$ が限りなく近づく値, つまり

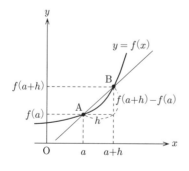

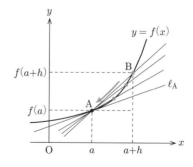

図 6.1　直線 AB は接線 ℓ_{A} に近づく

$$\lim_{h \to 0} \frac{f(a+h) - f(a)}{h}$$

は，接線 ℓ_A の傾きを与える．この値を $f'(a)$ と書き，$x = a$ における $f(x)$ の
微分係数という．

例題 6.1

$x = a$ における微分係数を計算せよ．

(1)　$f(x) = x^3 + 2$　　(2)　$f(x) = \dfrac{1}{x^2}$

解答

(1)　$\begin{aligned}[t]
f'(a) &= \lim_{h \to 0} \frac{\{(a+h)^3 + 2\} - (a^3 + 2)}{h} \\
&= \lim_{h \to 0} \frac{(a^3 + 3a^2h + 3ah^2 + h^3 + 2) - (a^3 + 2)}{h} \\
&= \lim_{h \to 0} \frac{3a^2h + 3ah^2 + h^3}{h} = \lim_{h \to 0} (3a^2 + 3ah + h^2) = 3a^2.
\end{aligned}$

(2)　$\begin{aligned}[t]
f'(a) &= \lim_{h \to 0} \frac{\dfrac{1}{(a+h)^2} - \dfrac{1}{a^2}}{h} = \lim_{h \to 0} \frac{1}{h} \left(\frac{1}{(a+h)^2} - \frac{1}{a^2} \right) \\
&= \lim_{h \to 0} \frac{1}{h} \cdot \frac{a^2 - (a+h)^2}{(a+h)^2 a^2} = \lim_{h \to 0} \frac{1}{h} \cdot \frac{-2ah - h^2}{(a+h)^2 a^2} \\
&= \lim_{h \to 0} \frac{-2a - h}{(a+h)^2 a^2} = \frac{-2a}{a^2 \cdot a^2} = -\frac{2}{a^3}.
\end{aligned}$

問 6.1　次の関数において $x = a$ における微分係数を計算せよ．

(1)　$f(x) = x^2$　　　　　(2)　$f(x) = 3x + 1$　　　　(3)　$f(x) = \dfrac{1}{x}$

(4)　$f(x) = 3x^2 - x + 5$　(5)　$f(x) = \dfrac{1}{4x - 1}$　　(6)　$f(x) = \dfrac{x}{x+1}$

　一般に，$f'(a)$ は a により値が変わるので，a を変数 x に置き換えた $f'(x)$ は
新しい関数を与える．$f'(x)$ を $f(x)$ の**導関数**と呼ぶ．また $y = f(x)$ ならば
導関数を y' と表すこともある．関数 $f(x)$ から $f'(x)$ を計算することを，$f(x)$
を**微分する**という．

導関数 $f'(x)$

$$f'(x) = \lim_{h \to 0} \frac{f(x+h) - f(x)}{h} \tag{6.1}$$

【x^α の導関数】　$f(x) = x^2$ の場合，導関数 $f'(x)$ は $(x^2)'$ とも表す．x^2 を (6.1) に基づいて微分すると，微分係数と同様の計算から，

$$(x^2)' = 2x$$

が導けるし，一般の x^n $(n = 1, 2, 3, 4 \cdots)$ に対しては下に示す結果となる．

$$(x^n)' = nx^{n-1}.$$

また，$x > 0$ として指数が任意の実数の場合にも同じ型の結果が成り立つことがわかっている．たとえば，関数 $\sqrt{x} = x^{\frac{1}{2}}$ に対しては，(6.1) を実際に計算して

$$
\begin{aligned}
(\sqrt{x}\,)' &= \lim_{h \to 0} \frac{\sqrt{x+h} - \sqrt{x}}{h} = \lim_{h \to 0} \frac{(\sqrt{x+h} - \sqrt{x}\,)(\sqrt{x+h} + \sqrt{x}\,)}{h(\sqrt{x+h} + \sqrt{x}\,)} \\
&= \lim_{h \to 0} \frac{(\sqrt{x+h}\,)^2 - (\sqrt{x}\,)^2}{h(\sqrt{x+h} + \sqrt{x}\,)} = \lim_{h \to 0} \frac{1}{\sqrt{x+h} + \sqrt{x}} = \frac{1}{\sqrt{x} + \sqrt{x}} \\
&= \frac{1}{2\sqrt{x}} = \frac{1}{2} x^{-\frac{1}{2}}
\end{aligned}
$$

より，$(x^{\frac{1}{2}})' = \dfrac{1}{2} x^{-\frac{1}{2}} = \dfrac{1}{2} x^{\frac{1}{2}-1}$ が成り立つ．一般の実定数 α にたいする x^α の微分計算は本書の程度を越えるが，結果は次の公式にまとめられる．

$$(x^\alpha)' = \alpha x^{\alpha-1} \quad (\alpha は実数) \tag{6.2}$$

上の一般公式で，$\alpha = \dfrac{1}{2}$ の場合 $(x^{\frac{1}{2}})' = \dfrac{1}{2} x^{\frac{1}{2}-1} = \dfrac{1}{2} x^{-\frac{1}{2}}$ となり，前述の結果が得られることがわかる．参考のために，いろいろな α の値に対する x^α のグラフを図 6.2 に描いた．

定数関数 $f(x) = 1$ の導関数は，$f(x+h) = f(x) = 1$ なので，(6.1) より

$$(1)' = \lim_{h \to 0} \frac{1-1}{h} = \lim_{h \to 0} 0 = 0.$$

これは (6.2) で $\alpha = 0$ の場合にあたる．1 以外の値をとる定数関数についても同様で，

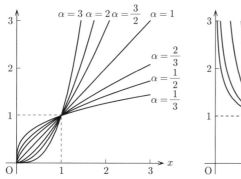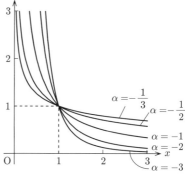

図 **6.2** 関数 $y = x^\alpha$ のグラフ. 左が $\alpha > 0$, 右が $\alpha < 0$ の場合

定数関数 $f(x) = k$ の導関数

$$(k)' = 0 \quad (k \text{ は定数}) \tag{6.3}$$

例題 6.2

(6.2), (6.3) を用いて次の関数を微分せよ.

(1) $y = x$ (2) $y = \sqrt[3]{x^5}$ (3) $y = \dfrac{1}{x^3}$ (4) $y = 2$

解答

(1) (6.2) で $\alpha = 1$ として $y' = (x)' = (x^1)' = 1 \cdot x^{1-1} = x^0 = 1$.

(2) $y' = \left(\sqrt[3]{x^5}\right)' = \left(x^{\frac{5}{3}}\right)' = \dfrac{5}{3} x^{\frac{5}{3}-1} = \dfrac{5}{3} x^{\frac{2}{3}}$.

(3) $y' = \left(\dfrac{1}{x^3}\right)' = (x^{-3})' = -3x^{-3-1} = -3x^{-4}$

(4) (6.3) で $k = 2$ として $y' = (2)' = 0$.

問 6.2 次の関数を微分せよ.

(1) $y = x^3$ (2) $y = x^{-4}$ (3) $y = x^{\frac{1}{3}}$ (4) $y = x^{-\frac{3}{4}}$

(5) $y = \sqrt{x}$ (6) $y = \sqrt[5]{x^3}$ (7) $y = \dfrac{1}{x}$ (8) $y = x\sqrt{x}$

(9) $y = \dfrac{\sqrt{x}}{x}$ (10) $y = \sqrt{x\sqrt{x}}$ (11) $y = -3$ (12) $y = \sqrt{2}$

導関数の計算には以下に示す諸公式をあわせて用いるとよい.

$$\{kf(x)\}' = kf'(x) \quad (k \text{ は定数})$$

$$\{f(x) \pm g(x)\}' = f'(x) \pm g'(x)$$

例題 6.3

次の関数を微分せよ.

(1)　$y = 2x^5 - 3x + 1$　　　(2)　$y = \dfrac{1 + \sqrt{x}}{x^2}$

解答

(1)　$y' = (2x^5 - 3x + 1)' = 2 \cdot 5x^{5-1} - 3 \cdot 1 + 0 = 10x^4 - 3$

(2)　$y' = \left(\dfrac{1 + \sqrt{x}}{x^2}\right)' = \left(\dfrac{1}{x^2} + \dfrac{\sqrt{x}}{x^2}\right)' = \left(x^{-2} + x^{-\frac{3}{2}}\right)'$

　　　$= -2x^{-2-1} + \left(-\dfrac{3}{2}\right) x^{-\frac{3}{2}-1} = -2x^{-3} - \dfrac{3}{2} x^{-\frac{5}{2}}$

問 6.3　次の関数を微分せよ.

(1)　$y = -2x + 3$

(2)　$y = 5x^2 - 5x + 3$

(3)　$y = 2x^3 - x^2 + 3x - 4$

(4)　$y = x^5 - x^4 + x^3 - x^2 + 1$

(5)　$y = (2x + 1)^2$

(6)　$y = (x - 2)^3$

(7)　$y = \dfrac{x^2 + 1}{x}$

(8)　$y = \dfrac{x - 2}{x^2}$

(9)　$y = \sqrt[4]{x} + \dfrac{2}{x}$

(10)　$y = \dfrac{2}{\sqrt{x}} - \dfrac{3}{x^2}$

(11)　$y = \sqrt[3]{x}\left(\dfrac{1}{x} + 3x\right)$

(12)　$y = \dfrac{1 - 2x}{\sqrt{x}}$

(13)　$y = \dfrac{2x^{-1} + x}{3x}$

(14)　$y = \left(\sqrt{x} - \dfrac{1}{x}\right)^2$

!　たとえば, $(2x^5 - 3x + 1)'$ のことを $2x^5 - 3x + 1'$ などと書いてはならない. 関数を微分する式では関数全体を（　）や｛　｝でくくっておくこと. また,（　）′ をつけないで $2x^5 - 3x + 1 = 10x^4 - 3$ などと書くのは厳禁である. $10x^4 - 3$

はもとの関数を微分した関数であり，もとの関数と等しいわけではない．なんとなく等号を書いてはならない．

【接線の方程式】　曲線 $y = f(x)$ の $x = a$ における接線の傾きは微分係数 $f'(a)$ で与えられるから，接線が接点 $(a, f(a))$ を通ることも考えると次の結果が得られる．

> **接線の方程式**
>
> 曲線 $y = f(x)$ の $x = a$ における接線の方程式は
>
> $$y = f'(a)(x - a) + f(a)$$

例題 6.4

曲線 $y = x^2$ の $x = 1$ における接線の方程式を求めよ．

解答　$f(x) = x^2$ とおく．$x = 1$ での接線を求めるには，傾き $f'(1)$ と通過する点 $(1, f(1))$ がわかればよい．$f'(x) = (x^2)' = 2x$ より $f'(1) = 2$．また，$f(1) = 1$ だから求める接線の方程式は

$$y = 2(x - 1) + 1 = 2x - 1.$$

問 6.4　次の問いに答えよ．
(1) $y = x^2 - x$ の $x = -1$ における接線の方程式を求めよ．
(2) $y = 2x^2 - 3x + 1$ の $x = 2$ における接線の方程式を求めよ．
(3) $y = x^3$ の $x = -2$ における接線の方程式を求めよ．
(4) $y = \dfrac{1}{x}$ の $x = 2$ における接線の方程式を求めよ．

6.2　関数の極値・増減とグラフ

【増加と減少】　関数 $y = f(x)$ の微分係数 $f'(a)$ は，$f'(x)$ の式に $x = a$ を代入した数のことであり，これは，関数 $y = f(x)$ のグラフ上の点 $(a, f(a))$ における接線の傾きであった．したがって，$f'(a) > 0$ ならば接線は右上がり

になり，$x = a$ の近くで $y = f(x)$ は増加する．また，$f'(a) < 0$ ならば接線は右下がりになり，$x = a$ の近くで $y = f(x)$ は減少する．よって次が成り立つ．

$$\begin{cases} ある区間で常に f'(x) > 0 \implies f(x) はその区間で増加 \\ ある区間で常に f'(x) < 0 \implies f(x) はその区間で減少 \end{cases}$$

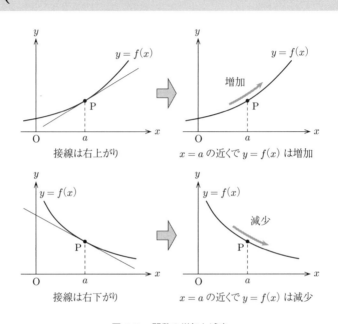

図 **6.3**　関数の増加と減少

【極値】

　関数 $y = f(x)$ のグラフ上の点で，右図に示される点 A, B での y の値をそれぞれ**極大値**，**極小値**という．両者をあわせて**極値**と呼ぶ．

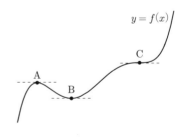

　右図の点 A, B, C の x 座標は

$$f'(x) = 0 \qquad (6.4)$$

をみたす．よって，方程式 (6.4) をみたす x の中から極大点 A や極小点 B を探すことになる．C は極大点でも極小点でもない．

例題 3.2 (2) で 2 次関数 $y = -3x^2 + 12x - 5$ のグラフを平方完成に基づいて描いた. ここでは導関数から増減・極値を調べてみよう.

$$y' = -6x + 12 = -6(x - 2)$$

だから $y' = 0$ となるのは $x = 2$ のとき. y' の符号と y の増減を表にすると右のようになる.

よって $x = 2$ のとき最大値（極大値でもある）7 をとり, 頂点が $(2, 7)$ であるとわかる. y 切片の値も考慮に入れてグラフを描けば例題 3.2 (2) の解答と同じになることも確認できる.

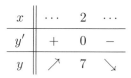

x	$\cdots$	2	$\cdots$
y'	$+$	0	$-$
y	$\nearrow$	7	$\searrow$

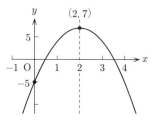

例題 6.5

$y = x^3 - 3x$ のグラフを次の問いに従って描け.

(1) $y' = 0$ となる x を求め, 関数の増減表を書いて極値を求めよ.

(2) 増減表をもとにグラフを描け.

解答　$f(x) = x^3 - 3x$ とおく.

(1) $y' = f'(x) = 3x^2 - 3 = 3(x^2 - 1) = 3(x + 1)(x - 1) = 0$ より $x = -1, 1$. 導関数のグラフは次ページの図 (a) のようになり, 次がわかる.

$$\begin{cases} x < -1 \text{ で} & y' > 0 \to y \text{ は増加} \\ -1 < x < 1 \text{ で} & y' < 0 \to y \text{ は減少} \\ 1 < x \text{ で} & y' > 0 \to y \text{ は増加} \end{cases}$$

x	$\cdots$	-1	$\cdots$	1	$\cdots$
y'	$+$	0	$-$	0	$+$
y	$\nearrow$	2	$\searrow$	-2	$\nearrow$

y の極大値は $x = -1$ のときで 2, 極小値は $x = 1$ のときで -2 である.

(2) グラフは図 (b) に示した.

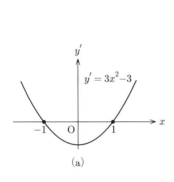

(a)

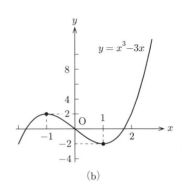

(b)

! 増減表の符号欄の $+$, $-$ は, x に具体的な数値を代入して調べてもよい. たとえば上の例では, $f'(x)$ に -2 を代入すると $f'(-2) = 3 \times (-2)^2 - 3 = 9 > 0$ となるので, y' の $x < -1$ の範囲の欄は $+$ であることがわかる.

問 6.5 次の関数の増減表を書いて極値を調べ, グラフを描け.
(1) $y = 4x^2 - 12x + 9$
(2) $y = 2x^3 - 3x^2 - 12x + 1$
(3) $y = 2x^3 + 6x^2 - 3$
(4) $y = -x^3 + 3x^2$
(5) $y = x^3 - 3x^2 + 3x$
(6) $y = -x^3 + 6x^2 - 12x + 7$

例題 6.6

$y = \dfrac{3}{4}x^4 - 4x^3 + 6x^2 - 10$ のグラフを描き, 極値を求めよ.

解答 $y' = 3x^3 - 12x^2 + 12x =$ $3x(x^2 - 4x + 4) = 3x(x-2)^2$. $y' = 0$ になるのは $x = 0, 2$ のときである. また, $x < 0$ のとき $y' < 0$ である. 増減表は右のようになる.

x	$\cdots$	0	$\cdots$	2	$\cdots$
y'	$-$	0	$+$	0	$+$
y	$\searrow$	-10	$\nearrow$	-6	$\nearrow$

グラフは右図のとおり. $x = 0$ のとき極小となり, 極小値 $y = -10$ をとる. $x = 2$ では極値をとらない.

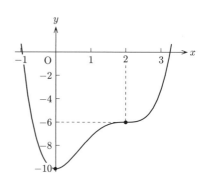

問 6.6 次の 4 次関数の増減表を書いて極値を調べ, グラフを描け.

(1) $y = x^4 - 2x^2 + 1$ (2) $y = -\dfrac{1}{4}x^4 + 2x^2 + 1$

(3) $y = 3x^4 - 4x^3 - 1$ (4) $y = -3x^4 - 4x^3 + 5$

【関数の最大・最小】 関数の増加・減少がわかれば, 最大値や最小値も容易に求められる.

例題 6.7

関数 $y = x^3 - 3x$ の $-1 \leqq x \leqq 3$ における最大値, 最小値を求めよ.

解答 この関数は例題 6.5 に出てきた関数である. 右図のようにグラフの $-1 \leqq x \leqq 3$ の範囲だけをみればよい. $x = 3$ のとき $y = 3^3 - 3 \cdot 3 = 18$ なので

$$\begin{cases} x = 3 \text{ のとき} \quad \text{最大値 } 18 \\ x = 1 \text{ のとき} \quad \text{最小値} -2 \end{cases}$$

をとる.

問 6.7　以下の問に答えよ.

(1)　$y = -x^3 + 3x^2$ の $0 \le x \le 4$ における最大値，最小値を求めよ.
（関数のグラフは問 6.5 (4) を参照のこと）

(2)　$y = -\dfrac{1}{4}x^4 + 2x^2 + 1$ の $-1 \le x \le 2$ における最大値，最小値を求めよ.
（関数のグラフは問 6.6 (2) を参照のこと）

7 積分

7.1 不定積分

関数 $F(x)$ が $F'(x) = f(x)$ をみたすとき，$F(x)$ を $f(x)$ の原始関数という．たとえば，$(x^2)' = 2x$ だから x^2 は $2x$ の原始関数である．ところが，$2x$ の原始関数は x^2 だけではない．C が定数のとき，$(x^2+C)' = (x^2)'+(C)' = 2x+0 = 2x$ となるので，C がどのような値をとろうとも $x^2 + C$ は $2x$ の原始関数となる．このような $2x$ の一般の原始関数を記号 $\displaystyle\int 2x\,dx$ で表し $2x$ の**不定積分**という．すなわち

$$\int 2x\,dx = x^2 + C.$$

一般に，$f(x)$ の原始関数は適当な 1 つの原始関数 $F(x)$ を使って，任意定数 C とともに $F(x) + C$ と書ける．この形に書いた原始関数を $f(x)$ の**不定積分**といい記号 $\displaystyle\int f(x)\,dx$ で表す：

$$\int f(x)\,dx = F(x) + C.$$

C を**積分定数**という．

次の結果は，不定積分の定義からただちに得られるものである．

$$\left(\int f(x)\,dx\right)' = f(x) \tag{7.1}$$

不定積分を求める問題とは，何を微分したら与えられた関数になるかという

問題であり微分の逆である. たとえば, 実数の定数 α $(\alpha \neq -1)$ に対して

$$\left(\frac{1}{\alpha+1}x^{\alpha+1}+C\right)' = \frac{1}{\alpha+1}(\alpha+1)x^{\alpha} = x^{\alpha}$$

であるから $\frac{1}{\alpha+1}x^{\alpha+1}+C$ が x^{α} の不定積分である. つまり

$$\int x^{\alpha}\,dx = \frac{1}{\alpha+1}x^{\alpha+1}+C \quad (\alpha \neq -1) \tag{7.2}$$

(7.2) は, $\alpha = -1$ のときには使えない. $x^{-1} = \dfrac{1}{x}$ の不定積分は

$$\int \frac{1}{x}\,dx = \log_e |x| + C \quad (e = 2.7182818\cdots)$$

であることが知られている. (7.2) で $\alpha = 0$ のとき $\displaystyle\int 1\,dx = x + C$ となるが, これを一般化して, 定数関数 $f(x) = k$ については

$$(kx + C)' = k$$

であるから, 次の公式が成立する.

$$\int k\,dx = kx + C \tag{7.3}$$

例題 7.1

次の不定積分を求めよ.

(1) $\displaystyle\int x\,dx$ (2) $\displaystyle\int \sqrt[3]{x^5}\,dx$ (3) $\displaystyle\int \frac{1}{x^3}\,dx$

解答   以下の解答において C は積分定数を表す.

(1) (7.2) で $\alpha = 1$ として $\displaystyle\int x\,dx = \frac{1}{1+1}x^{1+1}+C = \frac{1}{2}x^2 + C$.

(2) $\displaystyle\int \sqrt[3]{x^5}\,dx = \int x^{\frac{5}{3}}\,dx = \frac{1}{\frac{5}{3}+1}x^{\frac{5}{3}+1}+C = \frac{3}{8}x^{\frac{8}{3}}+C$.

(3) $\displaystyle\int \frac{1}{x^3}\,dx = \int x^{-3}\,dx = \frac{1}{-3+1}x^{-3+1}+C = -\frac{1}{2x^2}+C$.

> **問 7.1**　次の不定積分を求めよ.
>
> (1) $\displaystyle\int x^2\,dx$　　(2) $\displaystyle\int x^3\,dx$　　(3) $\displaystyle\int x^{\frac{1}{3}}\,dx$　　(4) $\displaystyle\int x^{-\frac{3}{4}}\,dx$
>
> (5) $\displaystyle\int \sqrt{x}\,dx$　　(6) $\displaystyle\int \sqrt[5]{x^2}\,dx$　　(7) $\displaystyle\int \frac{1}{x^2}\,dx$　　(8) $\displaystyle\int \frac{1}{\sqrt{x}}\,dx$
>
> (9) $\displaystyle\int (-3)\,dx$　　(10) $\displaystyle\int \sqrt{5}\,dx$

【定数倍・和の公式】　　一般に定数 c_1, c_2 に対して

$$\int (c_1\,f(x) + c_2\,g(x))\,dx = c_1 \int f(x)\,dx + c_2 \int g(x)\,dx$$

が成り立つ. 証明は右辺を x で微分して (7.1) を使えばよい.

例題 7.2

次の不定積分を求めよ.

(1) $\displaystyle\int \left(6x^2 + \frac{2}{x^2} + 3\right) dx$　　(2) $\displaystyle\int x(4x - 1)\,dx$　　(3) $\displaystyle\int \frac{x+2}{\sqrt{x}}\,dx$

解答

(1) $\displaystyle\int \left(6x^2 + \frac{2}{x^2} + 3\right) dx = 6 \int x^2\,dx + 2 \int x^{-2}\,dx + \int 3\,dx$

$\displaystyle = 6 \cdot \frac{x^3}{3} + \frac{2}{-2+1}x^{-2+1} + 3x + C = 2x^3 - \frac{2}{x} + 3x + C.$

(2) $\displaystyle\int x(4x - 1)\,dx = 4 \int x^2\,dx - \int x\,dx = 4 \cdot \frac{1}{3}x^3 - \frac{1}{2}x^2 + C$

$\displaystyle = \frac{4}{3}x^2 - \frac{1}{2}x^2 + C.$

(3) $\displaystyle\int \frac{x+2}{\sqrt{x}}\,dx = \int \left(\sqrt{x} + \frac{2}{\sqrt{x}}\right) dx = \int x^{\frac{1}{2}}\,dx + 2\int x^{-\frac{1}{2}}\,dx$

$\displaystyle = \frac{1}{\frac{1}{2}+1}x^{\frac{1}{2}+1} + 2\frac{1}{-\frac{1}{2}+1}x^{-\frac{1}{2}+1} + C = \frac{2}{3}x^{\frac{3}{2}} + 4x^{\frac{1}{2}} + C.$

!　不定積分の答えが正しいかどうか確かめるには答えを微分してみて，積分記号の中の関数（**被積分関数**）になるか調べればよい．たとえば，例題 7.2 (1) の場合，

$$\left(2x^3 - \frac{2}{x} + 3x + C\right)' = 6x^2 + \frac{2}{x^2} + 3$$ となるから正しいとわかる．

また，被積分関数が複数項の和や差の場合，被積分関数には括弧をつけなければならない．たとえば (1) の場合

$$\int 6x^2 + \frac{2}{x^2} + 3 \, dx$$

と書いてはならない．

問 7.2　次の不定積分を求めよ．

(1) $\displaystyle\int (-2x) \, dx$

(2) $\displaystyle\int \frac{3}{x\sqrt{x}} \, dx$

(3) $\displaystyle\int \frac{4x - 1}{2} \, dx$

(4) $\displaystyle\int (x^2 + 2x + 3) \, dx$

(5) $\displaystyle\int (-2x^2 + 5x + 1) \, dx$

(6) $\displaystyle\int \left(\frac{x^2}{3} + \frac{1}{2} - \frac{1}{x^3}\right) dx$

(7) $\displaystyle\int (5x^3 + x^2 - 3x) \, dx$

(8) $\displaystyle\int \frac{2 + x}{x^3} \, dx$

(9) $\displaystyle\int \frac{3 - 2x}{x^3} \, dx$

(10) $\displaystyle\int \left(6x - \frac{1}{2\sqrt{x}}\right) dx$

(11) $\displaystyle\int \frac{\sqrt{x}}{2}(1 + 2x) \, dx$

(12) $\displaystyle\int \frac{x - 2}{\sqrt[3]{x^2}} \, dx$

(13) $\displaystyle\int \frac{\sqrt{x} - 2}{x^2} \, dx$

(14) $\displaystyle\int (x + \sqrt{x})\left(\frac{1}{x} + \frac{1}{\sqrt{x}}\right) dx$

7.2　定積分

$f(x)$ の任意の原始関数の 1 つを $F(x)$ とするとき，$F(b) - F(a)$ を $y = f(x)$ の a から b までの**定積分**といい，$F(b) - F(a) = \displaystyle\int_a^b f(x) \, dx$ と表す．b を積分の**上端**，a を**下端**という．また，簡潔に $F(b) - F(a) = \left[F(x)\right]_a^b$ と表すと便利である．

定積分は原始関数の選び方にはよらない．関数 $y = f(x)$ の任意の原始関数を $F(x)$, $G(x)$ とすると $G(x) = F(x) + C$（C はある定数）と表せるから，$G(b) - G(a) = F(b) + C - (F(a) + C) = F(b) - F(a)$ となるからである．定積分の図形的な意味は 7.3 節で述べることにしよう．

定積分の定義　$f(x)$ の原始関数の 1 つを $F(x)$ とするとき,

$$\int_a^b f(x)\,dx = [F(x)]_a^b = F(b) - F(a)$$

基本性質　定数 c_1, c_2 に対して

$$\int_a^b (c_1\,f(x) + c_2\,g(x))\,dx = c_1 \int_a^b f(x)\,dx + c_2 \int_a^b g(x)\,dx$$

例題 7.3

次の定積分の値を求めよ.

(1) $\displaystyle\int_1^2 x^2\,dx$ (2) $\displaystyle\int_1^8 \sqrt[3]{x^2}\,dx$ (3) $\displaystyle\int_{-2}^{-1} \frac{1}{x^2}\,dx$

解答　定積分は積分定数 C に無関係だから始めから C を省いて計算する.

(1) $\displaystyle\int_1^2 x^2\,dx = \left[\frac{1}{2+1}x^{2+1}\right]_1^2 = \left[\frac{1}{3}x^3\right]_1^2 = \frac{1}{3}\cdot 2^3 - \frac{1}{3} = \frac{7}{3}$

(2) $\displaystyle\int_1^8 \sqrt[3]{x^2}\,dx = \int_1^8 x^{\frac{2}{3}}\,dx = \left[\frac{1}{\frac{2}{3}+1}x^{\frac{2}{3}+1}\right]_1^8 = \left[\frac{3}{5}x^{\frac{5}{3}}\right]_1^8$

$\qquad = \frac{3}{5}(8^{\frac{5}{3}} - 1) = \frac{93}{5}$

(3) $\displaystyle\int_{-2}^{-1} \frac{1}{x^2}\,dx = \int_{-2}^{-1} x^{-2}\,dx = \left[\frac{1}{-2+1}x^{-2+1}\right]_{-2}^{-1} dx = \left[-\frac{1}{x}\right]_{-2}^{-1}$

$\qquad = -\left(\frac{1}{-1} - \frac{1}{-2}\right) = 1 - \frac{1}{2} = \frac{1}{2}$

問 7.3　次の定積分の値を求めよ.

(1) $\displaystyle\int_{-2}^2 x^3\,dx$ (2) $\displaystyle\int_1^{\sqrt{2}} x^5\,dx$ (3) $\displaystyle\int_1^2 x^{-3}\,dx$

(4) $\displaystyle\int_0^8 x^{\frac{1}{3}}\,dx$ (5) $\displaystyle\int_1^4 x^{-\frac{1}{2}}\,dx$ (6) $\displaystyle\int_4^9 \sqrt{x}\,dx$

(7) $\displaystyle\int_0^1 \sqrt[5]{x^2}\,dx$ (8) $\displaystyle\int_1^4 \sqrt[4]{x^3}\,dx$ (9) $\displaystyle\int_3^5 \frac{1}{x^3}\,dx$

(10) $\displaystyle\int_{-3}^{-2} \frac{1}{x^2}\,dx$ (11) $\displaystyle\int_4^9 \frac{1}{\sqrt{x}}\,dx$ (12) $\displaystyle\int_1^9 \frac{1}{\sqrt[4]{x^3}}\,dx$

例題 7.4

次の定積分の値を求めよ.

(1) $\displaystyle\int_1^2 (2x + 3)\,dx$　　　(2) $\displaystyle\int_0^4 \left(1 + \sqrt{x}\right)^2 dx$

解答

(1) $\displaystyle\int_1^2 (2x + 3)\,dx = [x^2 + 3x]_1^2 = (4 + 6) - (1 + 3) = 6.$

(2) $\displaystyle\int_0^4 \left(1 + \sqrt{x}\right)^2 dx = \int_0^4 (1 + 2\sqrt{x} + x)\,dx = \left[x + \frac{4}{3}x^{\frac{3}{2}} + \frac{x^2}{2}\right]_0^4$

$\displaystyle\qquad = \frac{68}{3}.$

問 7.4 次の定積分の値を求めよ.

(1) $\displaystyle\int_1^3 \frac{x}{3}\,dx$

(2) $\displaystyle\int_{-5}^{-3} (2x + 5)\,dx$

(3) $\displaystyle\int_{-2}^2 (-6x - 1)\,dx$

(4) $\displaystyle\int_0^2 (x^2 - 2x + 3)\,dx$

(5) $\displaystyle\int_{-1}^1 (-2x^2 + x - 5)\,dx$

(6) $\displaystyle\int_{-1}^3 (4x^3 - 3x^2 + 2x - 1)\,dx$

(7) $\displaystyle\int_{-3}^4 (x - 4)(x + 3)\,dx$

(8) $\displaystyle\int_2^3 \frac{x^2 - 4x}{2x}\,dx$

(9) $\displaystyle\int_1^2 \frac{x + 1}{x^3}\,dx$

(10) $\displaystyle\int_{-2}^{-1} \frac{x + x^{-1}}{x}\,dx$

(11) $\displaystyle\int_4^2 (1 - \sqrt{2x})^2\,dx$

(12) $\displaystyle\int_1^4 \frac{3x - 2}{\sqrt{x}}\,dx$

【定積分の性質】

定積分の性質のまとめ

(1) $\displaystyle\int_a^a f(x)\,dx = 0$　　(2) $\displaystyle\int_a^b f(x)\,dx = -\int_b^a f(x)\,dx$

(3) $\displaystyle\int_a^c f(x)\,dx + \int_c^b f(x)\,dx = \int_a^b f(x)\,dx$

(4) $\displaystyle\int_a^b f(x)\,dx = \int_a^b f(t)\,dt$

例題 7.5

定積分 $I = \displaystyle\int_{-1}^{1+\sqrt{2}} 4x\,dx + \int_{1+\sqrt{2}}^{4} 4x\,dx$ を計算せよ.

解答　定積分の性質 (3) より $I = \displaystyle\int_{-1}^{4} 4x\,dx = [2x^2]_{-1}^{4} = 2(4^2 - 1^2) = 30.$

問 7.5　次の定積分の値を求めよ.

(1) $\displaystyle\int_{0}^{1} (2t - 5)\,dt$

(2) $\displaystyle\int_{-1}^{1} (s^2 - 2s + 5)\,ds$

(3) $\displaystyle\int_{-1}^{\pi} x^2\,dx + \int_{\pi}^{5} x^2\,dx$

(4) $\displaystyle\int_{1}^{3} (2x + 1)\,dx + \int_{3}^{1} (2x + 1)\,dx$

(5) $\displaystyle\int_{-2}^{1} (x^2 - x)\,dx - \int_{3}^{1} (x^2 - x)\,dx$

7.3　定積分と面積

関数 $y = f(x)$ が $a \leqq x \leqq b$ において $f(x) \geqq 0$ をみたしているとする. このとき, 直線 $x = a$, $x = b$ と x 軸, $y = f(x)$ のグラフとで囲まれた部分 (右図の灰色の部分) の面積 S は, 定積分

$$\int_{a}^{b} f(x)\,dx \qquad (7.3)$$

に等しい. すなわち

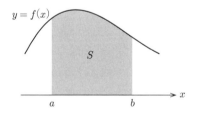

$$f(x) \geqq 0 \text{ のとき }\quad S = \int_{a}^{b} f(x)\,dx$$

この式がなぜ成り立つかをみてみよう.

　$S(x)$ を次ページの図 7.1 左で示された灰色部分の面積とする. 面積 $S(x)$ は x の値に応じて変化するが, それがどのような関数なのかを導関数

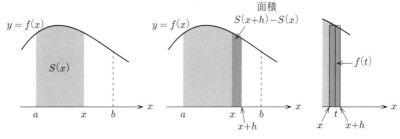

図 7.1 $S(x)$ とその微小変化

$$S'(x) = \lim_{h \to 0} \frac{S(x+h) - S(x)}{h}$$

から考える. $h > 0$ のとき, $S(x+h) - S(x)$ は図 7.1 中央の濃い灰色の部分の面積である. 図 7.1 右のように, x と $x+h$ の間の t をうまく選ぶと, 底辺の長さ h, 高さ $f(t)$ の長方形の面積 $h \times f(t)$ が

$$S(x+h) - S(x) = h \times f(t)$$

をみたすようにできる. ここで, $h \to 0$ のとき t は x に近づくから,

$$S'(x) = \lim_{h \to 0} \frac{S(x+h) - S(x)}{h} = \lim_{h \to 0} \frac{h \times f(t)}{h} = \lim_{h \to 0} f(t) = f(x)$$

となる. これは $S(x)$ が $f(x)$ の原始関数であることを意味するから

$$\int f(x) \, dx = S(x) + C.$$

したがって, 定積分の定義にもどって

$$\int_a^b f(x) dt = \left[S(x) \right]_a^b = S(b) - S(a) = S - 0 = S$$

であり, 目的の式を示すことができた.

$a \leqq x \leqq b$ において $f(x) \leqq 0$ の場合は, 図 7.2 における灰色部分の面積を S とすると, 定積分 (7.3) の値は負で, $-S$ に等しくなる. つまり次が成り立つ.

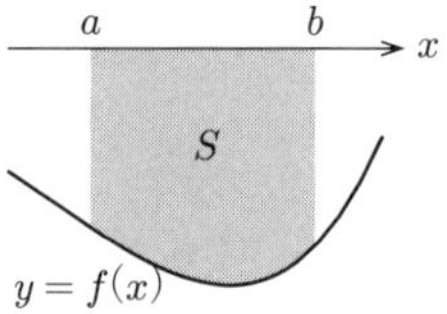

図 7.2   関数の値が負の場合

$$f(x) \leqq 0 \text{ のとき} \quad S = -\int_a^b f(x) \, dx$$

例題 **7.6**

xy 平面における次の部分の面積 S を求めよ.

(1)　$y = \dfrac{1}{2}x^2 + 3$ と x 軸, および 2 直線 $x = 0$, $x = 2$ で囲まれた部分

(2)　放物線 $y = x^2 - x - 2$ と x 軸で囲まれた部分

(3)　曲線 $y = x^3 - x^2 - 2x$ と x 軸で囲まれた部分

解答　面積の問題はまずグラフを描いてから考える. 図 7.3 の灰色部分の面積を求めることになる.

(1)　$S = \displaystyle\int_0^2 \left(\dfrac{1}{2}x^2 + 3\right) dx = \left[\dfrac{1}{6}x^3 + 3x\right]_0^2 = \dfrac{8}{6} + 6 = \dfrac{22}{3}$.

(2)　図 7.3 より, 積分の下端と上端は, 放物線と x 軸の交点の x 座標となる. 交点の x 座標は, $x^2 - x - 2 = 0$ より $x = -1, 2$. $-1 \leqq x \leqq 2$ では $f(x) \leqq 0$ に注意して

$$S = -\int_{-1}^2 (x^2 - x - 2)\, dx = -\left[\dfrac{1}{3}x^3 - \dfrac{1}{2}x^2 - 2x\right]_{-1}^2 = \dfrac{9}{2}.$$

(3)　曲線 $y = x^3 - x^2 - 2x$ と x 軸との交点の座標は $x^3 - x^2 - 2x = 0$ を解いて $x = -1, 0, 2$. 曲線が x 軸の下側か上側かに注意して 2 つの囲まれた部分の面積 S_1 (左), S_2 (右) を求めると

$$S_1 = \int_{-1}^0 (x^3 - x^2 - 2x)dx = \dfrac{5}{12}, \ S_2 = -\int_0^2 (x^3 - x^2 - 2x)dx = \dfrac{8}{3}$$

したがって, 求める面積は $S_1 + S_2 = \dfrac{37}{12}$.

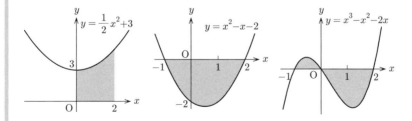

図 **7.3**　左から順に (1), (2), (3) のグラフ. 灰色部分の面積を求める

問 **7.6**　xy 平面における次の部分の面積 S を求めよ.

(1)　$y = x + 3$ と x 軸, および 2 直線 $x = -1$, $x = 3$ で囲まれた部分

(2)　$y = x^2 + x + 1$ と x 軸, および 2 直線 $x = 0$, $x = 1$ で囲まれた部分

(3)　$y = 2x^2 - x - 1$ と x 軸で囲まれた部分

(4)　$y = x^3 + x^2 - x - 1$ と x 軸で囲まれた部分

$a \leqq x \leqq b$ で常に $f(x) \geqq g(x) \geqq 0$ のとき, 2 曲線 $y = f(x)$, $y = g(x)$ および 2 直線 $x = a$, $x = b$ で囲まれた部分の面積を S とすると, S は $\displaystyle\int_a^b (f(x) - g(x))\, dx$ で与えられる. このことは図 7.4 から明らかであろう. $f(x)$ や $g(x)$ が負のときも同じ結果が成立するが, 証明は略する.

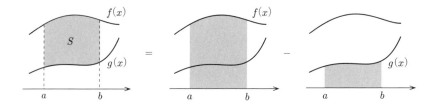

図 **7.4**　**2 直線** $x = a$, $x = b$ と $f(x)$, $g(x)$ のグラフで囲まれた**面積**

$$f(x) \geqq g(x) \text{ のとき } \quad S = \int_a^b \big(f(x) - g(x)\big)\, dx$$

例題 7.7

xy 平面における次の部分の面積 S を求めよ.

(1)　放物線 $y = x^2 + 2$ と直線 $y = x$, y 軸, 直線 $x = 1$ で囲まれた部分

(2)　2 つの放物線 $y = x^2 - 6x + 10$ と $y = -x^2 + 4x + 2$ で囲まれた 部分

解答

(1)　グラフは図 7.5 のようになる. y 軸（直線 $x = 0$）と直線 $x = 1$ の間

で，放物線 $y = x^2 + 2$ が直線 $y = x$ より上にあるから，

$$S = \int_0^1 \left((x^2 + 2) - x\right) dx = \int_0^1 (x^2 - x + 2)\, dx$$

$$= \left[\frac{1}{3}x^3 - \frac{1}{2}x^2 + 2x\right]_0^1 = \frac{11}{6}.$$

(2) 2 つの放物線の交点の x 座標は $x^2 - 6x + 10 = -x^2 + 4x + 2$ を解いて $x = 1, 4$. したがって，$x = 1$ から $x = 4$ までの範囲で上側の関数から下側の関数を引いたものを積分すればよい.

$$S = \int_1^4 \left((-x^2 + 4x + 2) - (x^2 - 6x + 10)\right) dx$$

$$= \int_1^4 (-2x^2 + 10x - 8)\, dx = \left[-\frac{2}{3}x^3 + 5x^2 - 8x\right]_1^4 = 9.$$

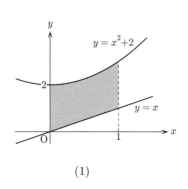

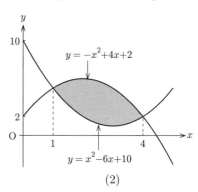

(1)   (2)

図 7.5 　**(1)** 放物線 $y = x^2 + 2$ と $y = x$ で囲まれた部分
　　　(2) 放物線 $y = x^2 - 6x + 10$ と $y = -x^2 + 4x + 2$ で囲まれた部分

問 7.7　xy 平面において次の部分を図示し，その面積 S を求めよ.

(1) 放物線 $y = x^2$，直線 $y = -x - 3$，y 軸と直線 $x = 3$ で囲まれた部分

(2) 放物線 $y = -x^2 + 1$ と 3 つの直線 $y = 2$, $x = -1$, $x = 1$ で囲まれた部分

(3) 放物線 $y = x^2$，放物線 $y = 2x^2$ と直線 $x = 3$ で囲まれた部分

(4) 放物線 $y = -x^2$，放物線 $y = -\frac{1}{4}x^2$ と直線 $x = -1$ で囲まれた部分

(5) 放物線 $y = x^2 + x$ と直線 $y = -x$ で囲まれた部分

(6) 2 つの放物線 $y = x^2 - 5x + 6$ と $y = -x^2 + x + 2$ で囲まれた部分

放物線と直線（x 軸も含む），放物線と放物線とで囲まれた部分の面積は，次に示す公式を使うと容易に計算できるので，覚えておくと便利である．

$$\int_{\alpha}^{\beta} (x-\alpha)(x-\beta)\, dx = \frac{1}{6}(\alpha-\beta)^3 \quad (\beta > \alpha)$$

例題 7.8

xy 平面において次に示す部分の面積 S を求めよ．

(1) 放物線 $y = 3x^2 - x - 1$ と x 軸によって囲まれた部分

(2) 2 つの放物線 $y = x^2 - 6x + 10$ と $y = -x^2 + 4x + 2$ で囲まれた部分

解答

(1) x 軸との交点は $3x^2 - x - 1 = 0$ を解いて $x = \dfrac{1 \pm \sqrt{13}}{6}$. よって

$3x^2 - x - 1 = 3\,(x-\alpha)\,(x-\beta), \ \alpha = \dfrac{1-\sqrt{13}}{6}, \ \beta = \dfrac{1+\sqrt{13}}{6}$ と因数分解できる （→ 例題 2.17）．$\alpha < x < \beta$ で $y < 0$ に注意して

$$S = -\int_{\alpha}^{\beta} 3\,(x-\alpha)\,(x-\beta)\, dx = -3\int_{\alpha}^{\beta} (x-\alpha)\,(x-\beta)\, dx$$

$$= -3 \cdot \frac{1}{6}(\alpha-\beta)^3 = -\frac{1}{2}(\alpha-\beta)^3.$$

ここで $\alpha - \beta = -\dfrac{\sqrt{13}}{3}$ だから $S = -\dfrac{1}{2}\left(-\dfrac{\sqrt{13}}{3}\right)^3 = \dfrac{13\sqrt{13}}{54}$.

(2) 例題 7.7 (2) の問題と同じである．上側の関数から下側の関数を引いて

$$S = \int_{1}^{4} (-2x^2 + 10x - 8)\, dx = -2\int_{1}^{4} (x-1)(x-4)\, dx$$

$$= -2 \cdot \frac{1}{6}(1-4)^3 = 9.$$

問 **7.8**　xy 平面において次の部分の面積 S を求めよ.
(1)　放物線 $y = 2x^2 - x - 2$ と x 軸で囲まれた部分
(2)　放物線 $y = -x^2 + x + 3$ と $y = 2x + 1$ で囲まれた部分
(3)　2 つの放物線 $y = x^2 + 2x + 2$ と $y = -2x^2 + 5x + 2$ で囲まれた部分
(4)　2 つの放物線 $y = 2x^2 - 6$ と $y = x^2 - x$ で囲まれた部分

―― 例題 **7.9** ――

3 次関数 $y = x^3 - 2x^2 - 2x + 1$ のグラフ C と直線 $\ell : y = x + 1$ とによって囲まれた部分の面積 S を求めよ.

解答　C と ℓ との交点の x 座標は, 方程式
$$x^3 - 2x^2 - 2x + 1 = x + 1$$
の解であり, 解は $x = -1, 0, 3$ である. C と ℓ で囲まれた部分のうち, 左側の面積を S_1, 右側の面積を S_2 とすると (下図参照),

$$S_1 = \int_{-1}^{0} \left\{ (x^3 - 2x^2 - 2x + 1) - (x + 1) \right\} dx$$

$$= \int_{-1}^{0} (x^3 - 2x^2 - 3x) dx = \left[\frac{1}{4}x^4 - \frac{2}{3}x^3 - \frac{3}{2}x^2 \right]_{-1}^{0} = \frac{7}{12},$$

$$S_2 = \int_{0}^{3} \left\{ (x + 1) - (x^3 - 2x^2 - 2x + 1) \right\} dx$$

$$= -\int_{0}^{3} (x^3 - 2x^2 - 3x) dx = -\left[\frac{1}{4}x^4 - \frac{2}{3}x^3 - \frac{3}{2}x^2 \right]_{0}^{3} = \frac{45}{4}.$$

したがって, $S = S_1 + S_2 = \dfrac{7}{12} + \dfrac{45}{4} = \dfrac{71}{6}$.

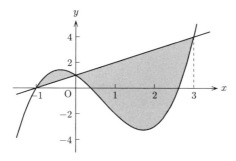

問 7.9 xy 平面において次の部分の面積 S を求めよ.

(1) 曲線 $y = x^3 - 6x^2 + 11x - 5$ と直線 $y = 1$ 軸で囲まれた部分

(2) 曲線 $y = x^3 - x^2 - x$ と直線 $y = x$ で囲まれた部分

(3) 曲線 $y = x^3 - 2x^2 - x + 1$ と直線 $y = 2x + 1$ で囲まれた部分

(4) 曲線 $y = x^4 - 5x^2 + 6$ と直線 $y = 2$ で囲まれた部分

8 ベクトル

8.1 ベクトルの加法・減法・実数倍

向きのついた線分（有向線分）の長さと向きだけに着目したものを**ベクトル**という．ベクトルを図示するときは，右図のように矢印の付いた線分を使う．A を**始点**，B を**終点**といい，ベクトル $\overrightarrow{AB}$ と書く．線分 AB の長さを $\overrightarrow{AB}$ の**大きさ**または**長さ**といい，$|\overrightarrow{AB}|$ で表す．またベクトルを $\vec{a}, \vec{b}$ のような記号で表すこともある．

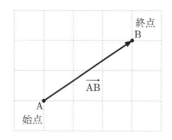

ベクトルは長さと向きによって定まるから，2つのベクトル $\vec{a}, \vec{b}$ が異なる場所にあるとしても，大きさが等しく向きが同じであるならば $\vec{a}$ と $\vec{b}$ は**等しい**といい，$\vec{a} = \vec{b}$ と書く．大きさが 0 のベクトルを**零ベクトル**といい $\vec{0}$ と書く．零ベクトルでは向きは考えない．

【**ベクトルの加法・実数倍・減法**】　右図のようにベクトルが与えられたとき，ベクトルの加法・減法・実数倍はそれぞれ次のように定める．

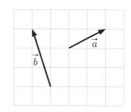

- **加法** $\vec{a}+\vec{b}$: 図8.1 (1) のように，$\vec{a}$ の終点に $\vec{b}$ の始点をもってきてできる有向線分が $\vec{a}+\vec{b}$ である．同じ結果は $\vec{a}$ と $\vec{b}$ の始点を一致させたときにできる平行四辺形の対角線を考えても得られる（図8.1 (2) 参照）．

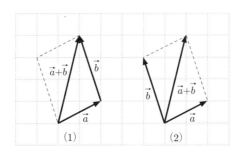

図 8.1 ベクトルの和

- **実数倍** $m\vec{a}$:

$m > 0$ のとき，$m\vec{a}$ は $\vec{a}$ と同じ向きで大きさが m 倍のベクトル

$m = 0$ のとき，$m\vec{a} = 0\,\vec{a} = \vec{0}$

$m < 0$ のとき，$m\vec{a}$ は $\vec{a}$ と反対の向きで大きさが $|m|$ 倍のベクトル．

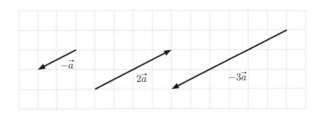

図 8.2 ベクトルの実数倍

$\vec{a}$ と同じ大きさで向きが反対のベクトルは $(-1)\vec{a}$ であり，単に $-\vec{a}$ と記す．$m \neq 0$ のとき，$m\vec{a}$ と $\vec{a}$ は互いに**平行**である．

$$(-1)\vec{a} = -\vec{a}.$$

- **減法** $\vec{a} + (-\vec{b})$ を，$\vec{a} - \vec{b}$ と書き，減法の定義とする．

$$\vec{a} - \vec{b} = \vec{a} + (-\vec{b}).$$

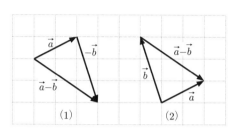

図 8.3 ベクトルの差

減法の定義に従えば,図 8.3 (1) のように求めることになるが,同じ結果は $\vec{b}$ の終点から $\vec{a}$ の終点に有向線分を描くことによっても得られる(図 8.3 (2)).

例題 8.1

$\vec{a}, \vec{b}, \vec{c}$ が下図のように与えられているとき次のベクトルを図示せよ.

(1) $\vec{a} + \vec{b}$ (2) $\vec{a} + \vec{b} + \vec{c}$ (3) $\vec{a} - \vec{b}$ (4) $3\vec{a} - \dfrac{1}{2}\vec{b}$

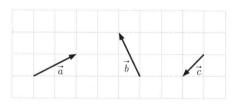

解答

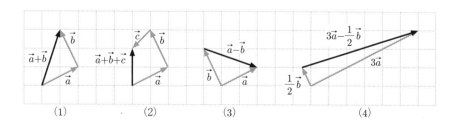

問 **8.1** ベクトルが下図のように与えられているとき次のベクトルを図示せよ.

(1) $\vec{a} + \vec{b} + 2\vec{c}$ (2) $\vec{a} + \vec{b} - \vec{c}$ (3) $\vec{a} + 3\vec{b} + \dfrac{1}{2}\vec{c}$

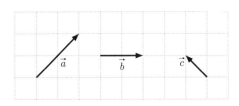

例題 8.2

正六角形 ABCDEF において, $\vec{a} = \overrightarrow{AB}, \vec{b} = \overrightarrow{AF}$ とする. 次のベクトルを $\vec{a}, \vec{b}$ で表せ.

(1) $\overrightarrow{DE}$ (2) $\overrightarrow{FB}$ (3) $\overrightarrow{BC}$

解答

(1) $\overrightarrow{DE}$ は $\overrightarrow{AB}$ と同じ大きさで向きが逆だから $\overrightarrow{DE} = -\vec{a}$.

(2) 図から, $\overrightarrow{FB} = \overrightarrow{FA} + \overrightarrow{AB} = \overrightarrow{AB} - \overrightarrow{AF} = \vec{a} - \vec{b}$.

(3) 線分 AD と BE の交点を O とすると $\overrightarrow{BC} = \overrightarrow{BO} + \overrightarrow{OC} = \vec{b} + \vec{a} = \vec{a} + \vec{b}$.

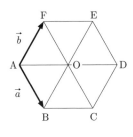

問 **8.2** 正六角形 ABCDEF において, $\vec{a} = \overrightarrow{AB}, \vec{b} = \overrightarrow{AF}$ とする. 次のベクトルを $\vec{a}, \vec{b}$ で表せ.

(1) $\overrightarrow{CF}$ (2) $\overrightarrow{AD}$ (3) $\overrightarrow{FD}$

ベクトルの加法(減法)と実数倍に関して次の計算規則が成り立つ. 作図による証明が可能であるが, 省略する(読者自ら試みてみよう). 結果的には, $\vec{a}$, $\vec{b}, \cdots$ は, 文字変数と同じ規則を満足するということになる.

ベクトルの計算法則

$$\vec{a} + \vec{b} = \vec{b} + \vec{a}, \quad (\vec{a} + \vec{b}) + \vec{c} = \vec{a} + (\vec{b} + \vec{c})$$

$$m(n\vec{a}) = (mn)\vec{a}$$

$$(m + n)\vec{a} = m\vec{a} + n\vec{a}, \quad m(\vec{a} + \vec{b}) = m\vec{a} + m\vec{b}$$

例題 8.3

次の式を簡単にせよ.

(1) $2\vec{a} - (-2\vec{b}) - 3\vec{a}$　　(2) $2(\vec{a} - \vec{b}) - 4(\vec{a} + 2\vec{b})$

解答

(1) $2\vec{a} - (-2\vec{b}) - 3\vec{a} = 2\vec{a} + 2\vec{b} - 3\vec{a} = (2 - 3)\vec{a} + 2\vec{b} = -\vec{a} + 2\vec{b}$

(2) $2(\vec{a} - \vec{b}) - 4(\vec{a} + 2\vec{b}) = 2\vec{a} - 2\vec{b} - 4\vec{a} - 8\vec{b} = -2\vec{a} - 10\vec{b}$

問 8.3　次の式を簡単にせよ.

(1) $-2\vec{a} + 5(\vec{a} + \vec{b})$　　　　　　　(2) $-2(2\vec{a} - \vec{b}) + 3(\vec{a} - 3\vec{b})$

(3) $\dfrac{1}{2}(\vec{a} + 3\vec{b}) - \dfrac{1}{3}\left(2\vec{a} + \dfrac{9}{2}\vec{b}\right)$

8.2　ベクトルの成分

【ベクトルの成分 (1)】　座標平面上に,
図のように原点 O を始点とするベクトル
$\vec{a}$ が与えられているとする. このとき,
$\vec{a}$ の終点 A の座標が (a_1, a_2) であるとき

$\begin{bmatrix} a_1 \\ a_2 \end{bmatrix}$ を $\vec{a} = \overrightarrow{\text{OA}}$ の成分表示といい,

$$\vec{a} = \begin{bmatrix} a_1 \\ a_2 \end{bmatrix}$$

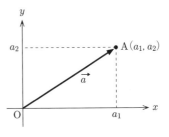

と書き表す. $\vec{a}$ の大きさは $|\vec{a}| = \sqrt{a_1{}^2 + a_2{}^2}$ である.

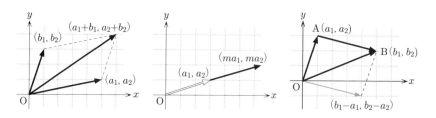

ベクトルの和, 差, 実数倍を成分によって計算すると次のようになる (上の図左, 図中央参照).

$$\begin{bmatrix} a_1 \\ a_2 \end{bmatrix} \pm \begin{bmatrix} b_1 \\ b_2 \end{bmatrix} = \begin{bmatrix} a_1 \pm b_1 \\ a_2 \pm b_2 \end{bmatrix}, \quad m \begin{bmatrix} a_1 \\ a_2 \end{bmatrix} = \begin{bmatrix} ma_1 \\ ma_2 \end{bmatrix}$$

【ベクトルの成分 (2)】　原点 O に始点をもたないベクトルの始点 A と終点 B が座標でそれぞれ (a_1, a_2), (b_1, b_2) と与えられたとき, $\overrightarrow{AB}$ の成分表示は,

$$\overrightarrow{AB} = \overrightarrow{OB} - \overrightarrow{OA} = \begin{bmatrix} b_1 \\ b_2 \end{bmatrix} - \begin{bmatrix} a_1 \\ a_2 \end{bmatrix} = \begin{bmatrix} b_1 - a_1 \\ b_2 - a_2 \end{bmatrix}$$

となる (上の図右参照).

___

例題 8.4

$\vec{a} = \begin{bmatrix} 3 \\ 1 \end{bmatrix}, \vec{b} = \begin{bmatrix} 1 \\ 2 \end{bmatrix}$ のとき, $3\vec{a} - 2\vec{b}$ を成分表示し, その大きさを求めよ.

___

解答

$$3\vec{a} - 2\vec{b} = 3 \begin{bmatrix} 3 \\ 1 \end{bmatrix} - 2 \begin{bmatrix} 1 \\ 2 \end{bmatrix} = \begin{bmatrix} 9 \\ 3 \end{bmatrix} - \begin{bmatrix} 2 \\ 4 \end{bmatrix} = \begin{bmatrix} 7 \\ -1 \end{bmatrix}.$$

大きさは $|3\vec{a} - 2\vec{b}| = \sqrt{7^2 + (-1)^2} = \sqrt{50} = 5\sqrt{2}.$

問 **8.4**　$\vec{a} = \begin{bmatrix} -1 \\ 2 \end{bmatrix}, \vec{b} = \begin{bmatrix} 3 \\ 4 \end{bmatrix}$ のとき，次のベクトルを成分表示せよ．また，その大きさを求めよ．

(1)　$\vec{a} + \vec{b}$　　(2)　$-5\vec{a} + 3\vec{b}$　　(3)　$\dfrac{1}{2}\vec{a} - \dfrac{1}{3}\vec{b}$

例題 8.5

座標平面上に 3 点 O$(0,0)$, A$(1,5)$, B$(2,-4)$ があるとき，次のベクトルを成分表示せよ．また，その大きさを求めよ．

(1)　$\overrightarrow{OA}$　　(2)　$\overrightarrow{AB}$

解答

(1)　$\overrightarrow{OA} = \begin{bmatrix} 1 \\ 5 \end{bmatrix}$,　$|\overrightarrow{OA}| = \sqrt{1^2 + 5^2} = \sqrt{26}$

(2)　$\overrightarrow{AB} = \begin{bmatrix} 2 \\ -4 \end{bmatrix} - \begin{bmatrix} 1 \\ 5 \end{bmatrix} = \begin{bmatrix} 1 \\ -9 \end{bmatrix}$,　$|\overrightarrow{AB}| = \sqrt{1^2 + (-9)^2} = \sqrt{82}$

問 **8.5**　座標平面上に 3 点 O$(0,0)$, A$(2,-3)$, B$(4,1)$ があるとき，次のベクトルを成分表示せよ．また，その大きさを求めよ．

(1)　$\overrightarrow{OB}$　　(2)　$\overrightarrow{AB}$　　(3)　$\overrightarrow{AO}$

8.3　ベクトルの内積

【ベクトルの内積】　与えられた $\vec{a}$ と $\vec{b}$ に対して，$\vec{a}$ の始点と $\vec{b}$ の始点を一致させたときの間の角 θ $(0° \leqq \theta \leqq 180°)$ を，**$\vec{a}$ と $\vec{b}$ のなす角**という．$\vec{a}$ と $\vec{b}$ の**内積 $\vec{a} \cdot \vec{b}$** を次のように定める．

> **ベクトルの内積**　　$\vec{a} \cdot \vec{b} = |\vec{a}||\vec{b}|\cos\theta$

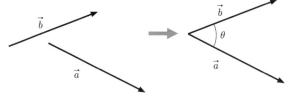

図 8.4　$\vec{a}$ と $\vec{b}$ のなす角

例題 8.6

1 辺の長さが 2 である正三角形 ABC において，次の内積を求めよ．

(1)　$\overrightarrow{AB} \cdot \overrightarrow{AC}$　　(2)　$\overrightarrow{AB} \cdot \overrightarrow{CA}$

解答

(1)　$\overrightarrow{AB} \cdot \overrightarrow{AC} = |\overrightarrow{AB}||\overrightarrow{AC}| \cos \angle BAC$

$= 2 \times 2 \times \cos 60° = 2 \times 2 \times \dfrac{1}{2} = 2$

(2)　$\overrightarrow{AB}, \overrightarrow{CA}$ の間の角は（始点を一致させて

考えて）120° だから，

$$\overrightarrow{AB} \cdot \overrightarrow{CA} = |\overrightarrow{AB}||\overrightarrow{CA}| \cos 120° = 2 \times 2 \times \left(-\dfrac{1}{2}\right) = -2$$

問 8.6　1 辺の長さが 2 である正六角形 ABCDEF がある．次の内積を求めよ．

(1)　$\overrightarrow{AB} \cdot \overrightarrow{BC}$　　(2)　$\overrightarrow{AB} \cdot \overrightarrow{CD}$　　(3)　$\overrightarrow{AB} \cdot \overrightarrow{DF}$　　(4)　$\overrightarrow{AB} \cdot \overrightarrow{DE}$

【内積の成分表示】　　次ページの図の △AOB で余弦定理を用いると

$$AB^2 = OA^2 + OB^2 - 2\,OA \cdot OB \cos \theta$$

である．$\vec{a}, \vec{b}$ の成分をそれぞれ $\begin{bmatrix} a_1 \\ a_2 \end{bmatrix}, \begin{bmatrix} b_1 \\ b_2 \end{bmatrix}$ とすれば，$\vec{b} - \vec{a} = \begin{bmatrix} b_1 - a_1 \\ b_2 - a_2 \end{bmatrix}$

だから，上の等式によって

$$(b_1 - a_1)^2 + (b_2 - a_2)^2$$

$$= (a_1{}^2 + a_2{}^2) + (b_1{}^2 + b_2{}^2) - 2\vec{a} \cdot \vec{b}$$

が成り立つ．これから $\vec{a} \cdot \vec{b}$ を求めると
次の結果が得られる：

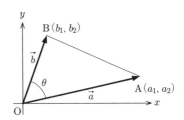

内積の成分表示	$\vec{a} \cdot \vec{b} = a_1 b_1 + a_2 b_2$

例題 8.7

ベクトル $\vec{a} = \begin{bmatrix} -2 \\ 5 \end{bmatrix}$, $\vec{b} = \begin{bmatrix} 3 \\ 1 \end{bmatrix}$ の内積 $\vec{a} \cdot \vec{b}$ を計算せよ．

解答　内積の成分表示から　$\vec{a} \cdot \vec{b} = (-2) \times 3 + 5 \times 1 = -1$.

!　内積は実数になる．ベクトルではないから注意しよう．

問 8.7　次のベクトル $\vec{a}, \vec{b}$ の内積を計算せよ．

(1)　$\vec{a} = \begin{bmatrix} -2 \\ 2 \end{bmatrix}$, $\vec{b} = \begin{bmatrix} 3 \\ 1 \end{bmatrix}$

(2)　$\vec{a} = \begin{bmatrix} \cos \dfrac{\pi}{4} \\ \sin \dfrac{\pi}{4} \end{bmatrix}$, $\vec{b} = \begin{bmatrix} \cos \dfrac{\pi}{12} \\ -\sin \dfrac{\pi}{12} \end{bmatrix}$

ベクトルの内積について，次が成り立つ．これらのいずれの性質も内積の定
義や，内積の成分表示による計算から確かめられる．

内積の性質

$$(1) \quad \vec{a} \cdot \vec{b} = \vec{b} \cdot \vec{a}$$

$$(2) \quad \vec{a} \cdot \vec{a} = |\vec{a}|^2$$

$$(3) \quad (m\vec{a}) \cdot \vec{b} = m(\vec{a} \cdot \vec{b}) = \vec{a} \cdot (m\vec{b})$$

$$(4) \quad \vec{a} \cdot (\vec{b} + \vec{c}) = \vec{a} \cdot \vec{b} + \vec{a} \cdot \vec{c}$$

$$(5) \quad (\vec{a} + \vec{b}) \cdot \vec{c} = \vec{a} \cdot \vec{c} + \vec{b} \cdot \vec{c}$$

$$(6) \quad |\vec{a} + \vec{b}|^2 = |\vec{a}|^2 + 2\vec{a} \cdot \vec{b} + |\vec{b}|^2$$

例題 8.8

$|\vec{a}| = 2$, $|\vec{b}| = 3$, $\vec{a} \cdot \vec{b} = -5$ のとき，$|2\vec{a} + \vec{b}|$ を求めよ.

解答

まず $|2\vec{a} + \vec{b}|^2$ の値を求める．上の内積の性質を用いると

$$
\begin{aligned}
|2\vec{a} + \vec{b}|^2 &= (2\vec{a} + \vec{b}) \cdot (2\vec{a} + \vec{b}) &&\cdots 性質\,(2)\\
&= 2\vec{a} \cdot (2\vec{a} + \vec{b}) + \vec{b} \cdot (2\vec{a} + \vec{b}) &&\cdots 性質\,(5)\\
&= 2\vec{a} \cdot 2\vec{a} + 2\vec{a} \cdot \vec{b} + \vec{b} \cdot 2\vec{a} + \vec{b} \cdot \vec{b} &&\cdots 性質\,(4)\\
&= 4|\vec{a}|^2 + 4\vec{a} \cdot \vec{b} + |\vec{b}|^2 &&\cdots 性質\,(1)(2)(3)
\end{aligned}
$$

が成り立つから，この式に $|\vec{a}|$, $|\vec{b}|$, $\vec{a} \cdot \vec{b}$ のそれぞれの値を代入すれば

$$|2\vec{a} + \vec{b}|^2 = 4 \cdot 2^2 + 4 \cdot (-5) + 3^2 = 5$$

となる．したがって，$|2\vec{a} + \vec{b}| = \sqrt{5}$ である．

問 8.8　$|\vec{a}| = 6$, $|\vec{b}| = 2$, $\vec{a} \cdot \vec{b} = 5$ のとき，次の値を求めよ.

(1) $|\vec{a} + \vec{b}|$　　　(2) $|\vec{a} - \vec{b}|$　　　(3) $|\vec{a} - 3\vec{b}|$

2 つの $\vec{0}$ でないベクトル $\vec{a} = \begin{bmatrix} a_1 \\ a_2 \end{bmatrix}$, $\vec{b} = \begin{bmatrix} b_1 \\ b_2 \end{bmatrix}$ のなす角を θ とすると,

$\vec{a} \cdot \vec{b} = |\vec{a}||\vec{b}| \cos\theta = a_1 b_1 + a_2 b_2$ より次が成り立つ.

$$\cos\theta = \frac{\vec{a} \cdot \vec{b}}{|\vec{a}||\vec{b}|} = \frac{a_1 b_1 + a_2 b_2}{\sqrt{a_1{}^2 + a_2{}^2}\sqrt{b_1{}^2 + b_2{}^2}}$$

例題 8.9

2 つのベクトル $\vec{a} = \begin{bmatrix} 4 \\ 2 \end{bmatrix}$, $\vec{b} = \begin{bmatrix} 1 \\ 3 \end{bmatrix}$ のなす角 θ を求めよ.

解答 $\cos\theta = \dfrac{4 \times 1 + 2 \times 3}{\sqrt{4^2 + 2^2}\sqrt{1^2 + 3^2}} = \dfrac{10}{2\sqrt{5} \cdot \sqrt{10}} = \dfrac{10}{10\sqrt{2}} = \dfrac{1}{\sqrt{2}}$ となり,
$0° \leqq \theta \leqq 180°$ であるから $\theta = 45°$ である.

問 8.9 次の 2 つのベクトル $\vec{a}, \vec{b}$ のなす角 θ を求めよ.

(1) $\vec{a} = \begin{bmatrix} 4 \\ 0 \end{bmatrix}$, $\vec{b} = \begin{bmatrix} 1 \\ \sqrt{3} \end{bmatrix}$ (2) $\vec{a} = \begin{bmatrix} 2 \\ 1 \end{bmatrix}$, $\vec{b} = \begin{bmatrix} 2 \\ -4 \end{bmatrix}$

(3) $\vec{a} = \begin{bmatrix} 0 \\ -2 \end{bmatrix}$, $\vec{b} = \begin{bmatrix} \sqrt{3} \\ 1 \end{bmatrix}$ (4) $\vec{a} = \begin{bmatrix} 1 \\ -\sqrt{3} \end{bmatrix}$, $\vec{b} = \begin{bmatrix} -\sqrt{3} \\ 3 \end{bmatrix}$

【ベクトルの平行と垂直】 $\vec{0}$ でない 2 つのベクトル $\vec{a}, \vec{b}$ の向きが同じである
か,また,反対であるとき,$\vec{a}$ と $\vec{b}$ は**平行**であるといい $\vec{a}//\vec{b}$ と書く. $\vec{a}//\vec{b}$ の
とき,実数倍の定義から $\vec{b} = m\vec{a}$ をみたす実数 m がある.

また,$\vec{0}$ でない 2 つのベクトル $\vec{a}$ と $\vec{b}$ のなす角 θ が $90°$ であるとき,$\vec{a}$ と $\vec{b}$
は**垂直**であるといい $\vec{a} \perp \vec{b}$ と書く. $\vec{a} \perp \vec{b}$ のとき,$\vec{a} \cdot \vec{b} = |\vec{a}||\vec{b}| \cos 90° = 0$ と
なる.

$$\vec{a} // \vec{b} \iff \vec{b} = m\vec{a} \quad (m \text{ は実数})$$

$$\vec{a} \perp \vec{b} \iff \vec{a} \cdot \vec{b} = 0$$

例題 8.10

ベクトル $\vec{a} = \begin{bmatrix} 2 \\ 1 \end{bmatrix}$ に対し，次のベクトルを求めよ．

(1) $\vec{a}$ に平行な単位ベクトル $\vec{b}$　（大きさが 1 のベクトル）

(2) $\vec{a}$ に垂直で大きさが 5 であるベクトル $\vec{c}$

解答

(1) まず $|\vec{b}| = 1$ である．また，$\vec{a} // \vec{b}$ より $\vec{b} = m\vec{a}$ とおける．よって $|\vec{b}| = |m||\vec{a}| = |m|\sqrt{2^2 + 1^2} = \sqrt{5}|m|$ である．したがって，$1 = \sqrt{5}|m|$，つまり $m = \pm\dfrac{1}{\sqrt{5}}$ となるから，$\vec{b} = \pm\dfrac{1}{\sqrt{5}}\begin{bmatrix} 2 \\ 1 \end{bmatrix}$．

(2) $\vec{c} = \begin{bmatrix} c_1 \\ c_2 \end{bmatrix}$ とおく．

$\vec{a} \perp \vec{c}$ だから　　$\vec{a} \cdot \vec{c} = 2c_1 + c_2 = 0 \cdots\cdots$ ①

一方，$|\vec{c}| = 5$ より　　$c_1{}^2 + c_2{}^2 = 5^2 \cdots\cdots$ ②

① より $c_2 = -2c_1$ だからこれを ② に代入し $c_1{}^2 + (-2c_1)^2 = 5^2$ となる．これを解いて $c_1 = \pm\sqrt{5}$ となり，さらに $c_2 = \mp2\sqrt{5}$ となる．

つまり $\vec{c} = \begin{bmatrix} \pm\sqrt{5} \\ \mp2\sqrt{5} \end{bmatrix}$（複号同順）

問 8.10　ベクトル $\vec{a} = \begin{bmatrix} 3 \\ -4 \end{bmatrix}$ に対し，次のベクトルを求めよ．

(1) $\vec{a}$ に平行で大きさが 10 であるベクトル

(2) $\vec{a}$ に垂直な単位ベクトル

8.4 ベクトル方程式

【位置ベクトル】 図8.5 に示したように，O を原点とする座標平面上に点 A があるとする．O を始点，A を終点とするベクトルを $\vec{a}$ とおくとき，$\vec{a}$ を A の**位置ベクトル**という．

8.2【ベクトルの成分 (1)】からわかるように，$\vec{a}$ の成分表示は A の座標で与えられる．すなわち，

$$A(a_1, a_2) \quad \longleftrightarrow \quad \vec{a} = \begin{bmatrix} a_1 \\ a_2 \end{bmatrix}$$

である．

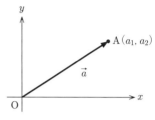

図 8.5 点 A の位置ベクトル

【直線のベクトル方程式】 平面内の直線をベクトルを使った式で表すことを考えよう．

定点 P_0 を通り，$\vec{0}$ でないベクトル $\vec{u}$ に平行な直線 ℓ 上の点を P とすると（図 8.6 参照），P の位置ベクトル $\vec{p}$ は

$$\vec{p} = \overrightarrow{OP} = \overrightarrow{OP_0} + \overrightarrow{P_0P}$$
$$= \overrightarrow{OP_0} + t\vec{u} \quad (t : 実数) \quad (8.1)$$

の形となる．t の値を決めると P の位置が定まり，t の値を変化させてゆくと P は ℓ 上を動いてゆく．

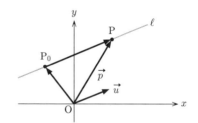

図 8.6 直線のベクトル表示

(8.1) を直線 ℓ の**ベクトル方程式**という．また，t を**媒介変数**，$\vec{u}$ を ℓ の**方向ベクトル**という．さらに，(8.1) において点 $P_0(x_0, y_0)$, $P(x, y)$ とし，方向ベクトルを $\vec{u} = \begin{bmatrix} a \\ b \end{bmatrix}$ とおくと，次に示す ℓ の**媒介変数表示**を得る．

直線の媒介変数表示

$$\begin{bmatrix} x \\ y \end{bmatrix} = \begin{bmatrix} x_0 \\ y_0 \end{bmatrix} + t \begin{bmatrix} a \\ b \end{bmatrix}, \quad つまり \quad \begin{cases} x = x_0 + at \\ y = y_0 + bt \end{cases}$$

例題 8.11

点 A$(1,2)$ を通り，$\vec{u} = \begin{bmatrix} 3 \\ -4 \end{bmatrix}$ を方向ベクトルとする直線 ℓ を考えたとき，次の各問いに答えよ．

(1)　直線上の点を P(x,y) とし，ℓ を媒介変数表示せよ．

(2)　$t = -2, -1, 0, 1, 2$ のときの P を xy 平面上に図示せよ．

(3)　t を消去して x と y だけの式で表せ．

解答

(1)　$\begin{bmatrix} x \\ y \end{bmatrix} = \begin{bmatrix} 1 \\ 2 \end{bmatrix} + t \begin{bmatrix} 3 \\ -4 \end{bmatrix}$ だから $\begin{cases} x = 1 + 3t \\ y = 2 - 4t \end{cases}$

(2)　$t = -2, -1, 0, 1, 2$ のときの P はそれぞれ $(-5, 10)$，$(-2, 6)$，$(1, 2)$，$(4, -2)$，$(7, -6)$ となる．図示した結果は図 8.7 のようになる．

(3)　(1) の第 1 式を変形して $t = \dfrac{1}{3}(x-1)$ とし，第 2 式に代入すると，$y = 2 - 4 \cdot \dfrac{1}{3}(x-1)$ つまり $4x + 3y = 10$ となる．

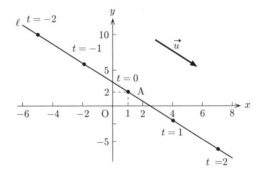

図 8.7　媒介変数 t の値に対応する直線上の点

問 8.11 a　点 A を通り，$\vec{u}$ を方向ベクトルとする直線を媒介変数表示せよ．また，t を消去して x と y だけの式で表せ.

(1)　$A(5, -1)$,　$\vec{u} = \begin{bmatrix} 2 \\ 1 \end{bmatrix}$　　(2)　$A(1, 0)$,　$\vec{u} = \begin{bmatrix} 3 \\ -1 \end{bmatrix}$

問 8.11 b　2 点 $A(1, 3)$, $B(-2, 4)$ を通る直線を媒介変数表示せよ．方向ベクトルは $\overrightarrow{AB}$ とせよ．また，t を消去して x と y だけの式で表せ.

9 行 列

9.1 1次変換を表す行列

「行列」の用途は多様だが，ここでは1次変換を表すものとして導入する．

【1次変換】 座標平面上の点の移動を考える．たとえば，座標軸に関する対称移動や，原点 $O(0,0)$ のまわりの回転移動などがある．

(i) 点 $P(x,y)$ を y 軸に関して対称移動した点を $Q(x',y')$ とすると，

$$\begin{cases} x' = -x \\ y' = y \end{cases}$$

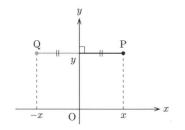

(ii) 点 $P(x,y)$ を原点のまわりに $90°$ 回転移動した点を $Q(x',y')$ とすると，

$$\begin{cases} x' = -y \\ y' = x \end{cases}$$

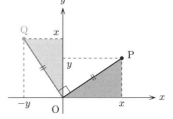

座標平面上の各点をそれぞれこの平面のある点に移す対応のことを，座標平面上の**変換**という．上の (i), (ii) は変換である．一般に，変換を表すのに f, g などの記号を用いる．変換 f が点 $P(x,y)$ を点 $Q(x',y')$ に移すことを

$$f : (x,y) \mapsto (x',y')$$

と書く．このとき，点 Q は，f による点 P の**像**とよばれる．

例題 9.1

次で表される変換 $f : (x, y) \mapsto (x', y')$ による，点 $(3, 2)$ の像を求めよ.

(1) $\begin{cases} x' = y \\ y' = 2x - y \end{cases}$　　(2) $\begin{cases} x' = x + 2 \\ y' = -y \end{cases}$　　(3) $\begin{cases} x' = x \\ y' = y^3 \end{cases}$

解答 f を表す式に $(x, y) = (3, 2)$ を代入して得られる (x', y') が求める像.

(1) $x' = y = 2$, $y' = 2x - y = 2 \cdot 3 - 2 = 4$ より，$(x', y') = (2, 4)$.

(2) $x' = x + 2 = 3 + 2 = 5$, $y' = -y = -2$ より，$(x', y') = (5, -2)$.

(3) $x' = x = 3$, $y' = y^3 = 2^3 = 8$　より，$(x', y') = (3, 8)$.

問 9.1 次で表される変換 $f : (x, y) \mapsto (x', y')$ による，点 $(2, 1)$ の像を求めよ.

(1) $\begin{cases} x' = x^2 \\ y' = y \end{cases}$　　(2) $\begin{cases} x' = y \\ y' = y \end{cases}$　　(3) $\begin{cases} x' = \dfrac{x + y}{2} \\ y' = \dfrac{x - y}{2} \end{cases}$

本章では，変換の中でも特に 1 次変換とよばれるものについて考える.

1 次変換の定義　座標平面上の変換 $f : (x, y) \mapsto (x', y')$ が

$$\begin{cases} x' = ax + by \\ y' = cx + dy \end{cases} \qquad (a, b, c, d \text{ は定数}) \qquad (9.1)$$

の形で表されるとき，この変換 f を **1 次変換**という.

前ページの対称移動 (i) と回転移動 (ii) は 1 次変換である.

例題 9.2

例題 9.1 (1), (2), (3) の変換は，1 次変換かどうか調べよ.

解答

(1) (9.1) で $a = 0$, $b = 1$, $c = 2$, $d = -1$ のときに該当する 1 次変換.

(2) $x' = x + 2$（定数項を含む）が (9.1) に当てはまらず，1 次変換でない.

(3) $y' = y^3$（3 乗を含む）が (9.1) の形に当てはまらず，1 次変換でない.

問 9.2　問 9.1 (1),(2),(3) の変換は，1 次変換かどうか調べよ.

【1 次変換を表す行列】　　1 次変換 f により
点 P が点 Q に移るとき, それに伴って P の
位置ベクトルは Q の位置ベクトルに移る.

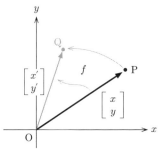

第 8 章と同様に本章でも, 位置ベクトル
の成分表示は成分を縦に並べるものとする.
P(x, y), Q(x', y') の位置ベクトルはそれぞ
れ $\begin{bmatrix} x \\ y \end{bmatrix}$, $\begin{bmatrix} x' \\ y' \end{bmatrix}$ である. (9.1) の f は,

1 次変換は, 点を点に移すもの,
または, ベクトルをベクトルに移
すもの, どちらにも解釈できる.

$\begin{bmatrix} x \\ y \end{bmatrix}$ を次の (9.2) で定まる像 $\begin{bmatrix} x' \\ y' \end{bmatrix}$ に
移す, と考えられる.

$$\begin{bmatrix} x' \\ y' \end{bmatrix} = \begin{bmatrix} ax + by \\ cx + dy \end{bmatrix} \tag{9.2}$$

さて, 1 次変換 f は (9.2) における x, y の係数 a, b, c, d を与えれば決定され
るから, これらの係数だけを取り出して並べた表

$$\begin{bmatrix} a & b \\ c & d \end{bmatrix} \tag{9.3}$$

で f を象徴的に表すことができる. (9.3) は **1 次変換 f を表す行列**とよばれ,

そのとき, f は行列 $\begin{bmatrix} a & b \\ c & d \end{bmatrix}$ の表す **1 次変換**とよばれる.

┌─ **例題 9.3** ─────────────────────────

1 次変換 $\begin{cases} x' = y \\ y' = 2x - y \end{cases}$ を表す行列を求めよ.

──────────────────────────────────

解答　$\begin{bmatrix} x' \\ y' \end{bmatrix} = \begin{bmatrix} 0 \times x + 1 \times y \\ 2 \times x + (-1) \times y \end{bmatrix}$ より, 求める行列は $\begin{bmatrix} 0 & 1 \\ 2 & -1 \end{bmatrix}$
である.

問 **9.3**　1次変換 $\begin{cases} x' = y \\ y' = y \end{cases}$ を表す行列を求めよ.

成分が縦に並べられているベクトルは, **列ベクトル**と呼ばれる.

行列と列ベクトルの**積** $\begin{bmatrix} a & b \\ c & d \end{bmatrix} \begin{bmatrix} x \\ y \end{bmatrix}$ を次のように定義する.

$$\begin{bmatrix} a & b \\ c & d \end{bmatrix} \begin{bmatrix} x \\ y \end{bmatrix} = \begin{bmatrix} ax + by \\ cx + dy \end{bmatrix} \tag{9.4}$$

!　行列の積では, 左右の並び順に要注意! (9.4) と左右逆の（列ベクトル）×（行列）は定義されない.

(9.4) の積を用いると, 1次変換 (9.1) を次のように書くことができる:

$$\begin{bmatrix} x' \\ y' \end{bmatrix} = \begin{bmatrix} a & b \\ c & d \end{bmatrix} \begin{bmatrix} x \\ y \end{bmatrix}$$

― 例題 9.4 ―

行列 $\begin{bmatrix} -5 & 4 \\ -7 & 3 \end{bmatrix}$ の表す 1次変換 f によるベクトル $\begin{bmatrix} 1 \\ 2 \end{bmatrix}$ の像を求めよ.

解答　$\begin{bmatrix} -5 & 4 \\ -7 & 3 \end{bmatrix} \begin{bmatrix} 1 \\ 2 \end{bmatrix} = \begin{bmatrix} -5 \cdot 1 + 4 \cdot 2 \\ -7 \cdot 1 + 3 \cdot 2 \end{bmatrix} = \begin{bmatrix} 3 \\ -1 \end{bmatrix}$

問 **9.4 a**　例題 9.4 の 1次変換 f による, 次のベクトルの像を求めよ.

(1) $\begin{bmatrix} 1 \\ 0 \end{bmatrix}$　　(2) $\begin{bmatrix} 0 \\ 1 \end{bmatrix}$　　(3) $\begin{bmatrix} 0 \\ 0 \end{bmatrix}$　　(4) $\begin{bmatrix} 2 \\ 3 \end{bmatrix}$

問 **9.4 b**　行列 $\begin{bmatrix} 1 & 0 \\ 0 & 1 \end{bmatrix}$ の表す 1次変換 f は, どんなベクトル $\begin{bmatrix} x \\ y \end{bmatrix}$ もそのベクトル自身に移すことを確かめよ.

例題 9.5

1 次変換 f によって，点 $(1, 1)$ は点 $(1, 3)$ に，点 $(2, 1)$ は点 $(4, 2)$ に移る．

f を表す行列 $A = \begin{bmatrix} a & b \\ c & d \end{bmatrix}$ を求めよ.

解答 ベクトルでいえば，$\begin{bmatrix} 1 \\ 1 \end{bmatrix}$ は $\begin{bmatrix} 1 \\ 3 \end{bmatrix}$ に，$\begin{bmatrix} 2 \\ 1 \end{bmatrix}$ は $\begin{bmatrix} 4 \\ 2 \end{bmatrix}$ に移るから，

$$\begin{bmatrix} a & b \\ c & d \end{bmatrix}\begin{bmatrix} 1 \\ 1 \end{bmatrix} = \begin{bmatrix} 1 \\ 3 \end{bmatrix} \quad \text{かつ} \quad \begin{bmatrix} a & b \\ c & d \end{bmatrix}\begin{bmatrix} 2 \\ 1 \end{bmatrix} = \begin{bmatrix} 4 \\ 2 \end{bmatrix}$$

すなわち $\begin{cases} a + b = 1 & \cdots\cdots ① \\ c + d = 3 & \cdots\cdots ② \end{cases}$ $\begin{cases} 2a + b = 4 & \cdots\cdots ③ \\ 2c + d = 2 & \cdots\cdots ④ \end{cases}$

①，③ を連立させて解くと $a = 3,\ b = -2$. ②，④ を連立させて解くと

$c = -1,\ d = 4$. よって，$A = \begin{bmatrix} 3 & -2 \\ -1 & 4 \end{bmatrix}$

問 9.5 a 次のようにベクトルを移す 1 次変換を表す行列を求めよ.

(1) $\begin{bmatrix} 1 \\ 0 \end{bmatrix} \to \begin{bmatrix} 6 \\ 5 \end{bmatrix}$, $\begin{bmatrix} 0 \\ 1 \end{bmatrix} \to \begin{bmatrix} 4 \\ 8 \end{bmatrix}$ (2) $\begin{bmatrix} 1 \\ 2 \end{bmatrix} \to \begin{bmatrix} 3 \\ 5 \end{bmatrix}$, $\begin{bmatrix} 3 \\ 5 \end{bmatrix} \to \begin{bmatrix} 1 \\ 2 \end{bmatrix}$

問 9.5 b 次のように点を移す 1 次変換を表す行列を求めよ.

(1) $(3, 2) \to (0, 1)$, $(1, 3) \to (-7, 5)$

(2) $(5, -1) \to (5, -1)$, $(4, 9) \to (4, 9)$

(3) $(2, -1) \to (0, -1)$, $(1, 2) \to (0, 2)$

9.2 行列の一般的定義

行列の用途は，1 次変換を表すだけではない．たとえば，x, y の連立 1 次方程式

$$\begin{cases} 3x + 4y = -2 \\ 7x + 5y = 1 \end{cases} \tag{9.5}$$

に対して，$+, =$ や x, y を省略してつくった

$$\begin{bmatrix} 3 & 4 & -2 \\ 7 & 5 & 1 \end{bmatrix} \tag{9.6}$$

を，(9.5) の **拡大係数行列** という．本書では詳述しないが，拡大係数行列を変形して方程式を解く方法があり，行列の重要な応用例のひとつである．

(9.3), (9.6) はともに行列の例である．一般的な行列の定義を与えよう．

> 数を縦・横に並べて長方形に配列し括弧でくくったものを **行列** とよび，並べられているそれぞれの数をその行列の **成分** という．

【行列の行と列】　行列において，その成分の横の並びを **行** といい，縦の並びを **列** という．行は上から順に第 1 行，第 2 行，$\cdots$ といい，列は左から順に第 1 列，第 2 列，$\cdots$ という．第 i 行と第 j 列が交差する位置にある成分を (i, j) **成分** という．

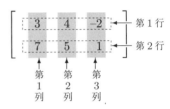

上の行列において，成分 4 は第 1 行・第 2 列が交差する位置にあるので，$(1, 2)$ 成分

たとえば，(9.6) の行列は，右に示すように 2 個の行と 3 個の列をもつので，2 行 3 列の行列とよばれる．

一般に，m 個の行と n 個の列からなる行列を，**m 行 n 列の行列**（または，**$m \times n$ 型の行列**，**$m \times n$ 行列**）とよぶ．このとき，**行列の型は $m \times n$ である** という．

例題 9.6

行列 $\begin{bmatrix} r & s & t \\ u & v & w \end{bmatrix}$ について，$(2, 3)$ 成分は何か．また，s は何成分か．

解答　$(2, 3)$ 成分は w．また，s は $(1, 2)$ 成分．

問 9.6　例題 9.6 の行列について，$(2, 2)$ 成分は何か．また，u は何成分か．

いくつかの特別な型の行列には, 固有の呼び方がある.

行と列の個数が等しい n 行 n 列の行列を, n 次の**正方行列**という. たとえば,

$$\begin{bmatrix} 5 & 6 \\ 2 & 3 \end{bmatrix}, \qquad \begin{bmatrix} 1 & 0 & 2 \\ 0 & 4 & 7 \\ 9 & 1 & 0 \end{bmatrix}$$

は 2 次, 3 次の正方行列である. また, 1 行 n 列の行列を **n 次の行ベクトル**, m 行 1 列の行列を **m 次の列ベクトル**という. たとえば,

$$\begin{bmatrix} 2 & 0 & 4 \end{bmatrix}, \qquad \begin{bmatrix} 1 \\ 3 \end{bmatrix}$$

は 3 次行ベクトル, 2 次列ベクトルである.

行列を簡単に 1 つの文字で表すときには, A, B などの大文字を使う. たとえば

$$A = \begin{bmatrix} 2 & 1 & 0 & 3 \\ 3 & 2 & -4 & 5 \end{bmatrix}$$

と書き表す. 行ベクトルや列ベクトルについて, 特にベクトルであることを強調したいときには, $\vec{a}, \vec{b}$ などと書く (**a, b** など太い小文字を使うことも多い).

【行列の相等】 2 つの**行列が等しい**とは, それらの型が同じであり, さらに対応する成分どうしがすべて等しいことをいう.

┌─ **例題 9.7** ─────────────────────

$\begin{bmatrix} x+1 & y-1 \\ u+v & u-v \end{bmatrix} = \begin{bmatrix} 1 & 2 \\ 3 & 5 \end{bmatrix}$ が成り立つように, x, y, u, v の値を定めよ.

解答 対応する成分どうしが等しくなければならないので

$$x+1 = 1, \ y-1 = 2, \ u+v = 3, \ u-v = 5.$$

これらを解けば, $x = 0, \ y = 3, \ u = 4, \ v = -1.$

問 9.7　$\begin{bmatrix} x & y+2 \\ -u & u+v \end{bmatrix} = \begin{bmatrix} 1 & 3 \\ 5 & 7 \end{bmatrix}$ が成り立つように, x, y, u, v の値を定めよ.

9.3* 行列の実数倍と和・差

【行列の実数倍】　k は実数とする. 行列 A の k 倍とは, A の成分をすべて k 倍した行列のことで, 記号 kA で書き表す. たとえば,

$$3 \begin{bmatrix} 1 & 0 \\ -2 & 5 \end{bmatrix} = \begin{bmatrix} 3 \cdot 1 & 3 \cdot 0 \\ 3 \cdot (-2) & 3 \cdot 5 \end{bmatrix} = \begin{bmatrix} 3 & 0 \\ -6 & 15 \end{bmatrix}$$

【行列の和・差】　A, B が同じ型の行列であるとき, A と B の対応する成分どうしを足してできる行列を, A と B の和といい, 記号 $A+B$ で表す. たとえば

$$\begin{bmatrix} 1 & 4 \\ 3 & 1 \end{bmatrix} + \begin{bmatrix} 6 & 3 \\ -1 & 2 \end{bmatrix} = \begin{bmatrix} 1+6 & 4+3 \\ 3+(-1) & 1+2 \end{bmatrix} = \begin{bmatrix} 7 & 7 \\ 2 & 3 \end{bmatrix}$$

である. 差 $A-B$ も同様に定義される.

!　A, B の型がちがうと, $A+B$ も $A-B$ も定義されない. たとえば, 次はいずれも定義されず, 計算不可能である :

$$\begin{bmatrix} 5 & 7 \\ 1 & 3 \end{bmatrix} + \begin{bmatrix} 2 & 0 & 3 \\ 1 & 4 & 1 \end{bmatrix}, \quad \begin{bmatrix} 5 & 7 \\ 1 & 3 \\ 2 & 4 \end{bmatrix} - \begin{bmatrix} 2 \\ 0 \\ 3 \end{bmatrix}$$

─ 例題 9.8* ─────────

$A = \begin{bmatrix} 1 & 4 \\ 3 & 1 \end{bmatrix}, B = \begin{bmatrix} 6 & 3 \\ -1 & 2 \end{bmatrix}$ のとき, $A-B$ を計算せよ.

解答　　$A - B = \begin{bmatrix} 1 & 4 \\ 3 & 1 \end{bmatrix} - \begin{bmatrix} 6 & 3 \\ -1 & 2 \end{bmatrix}$

$$= \begin{bmatrix} 1-6 & 4-3 \\ 3-(-1) & 1-2 \end{bmatrix} = \begin{bmatrix} -5 & 1 \\ 4 & -1 \end{bmatrix}$$

問 **9.8*** $A = \begin{bmatrix} 1 & 2 & -5 \\ 4 & 0 & 3 \end{bmatrix}, B = \begin{bmatrix} 2 & 6 & 0 \\ 1 & 2 & 1 \end{bmatrix}$ のとき，次を計算せよ．

(1) $2A$ (2) $\dfrac{1}{2}A$ (3) $(-1)A$ (4) $0A$

(5) $A + B$ (6) $A - B$ (7) $2A - B$ (8) $3A + 2B$

9.4 行列の積

2次行ベクトルを左，2次列ベクトルを右に書いた積を，次のように定める．

$$[\, a \quad b \,]\begin{bmatrix} p \\ r \end{bmatrix} = ap + br \tag{9.7}$$

(9.7) の一般化として，m 次行ベクトルを左，m 次列ベクトルを右に書いた積が，同様に定義される．

- **例題 9.9**

積 $[\, 1 \quad 2 \quad -5 \,]\begin{bmatrix} 3 \\ 0 \\ 4 \end{bmatrix}$ を計算せよ．

解答 $[\, 1 \quad 2 \quad -5 \,]\begin{bmatrix} 3 \\ 0 \\ 4 \end{bmatrix} = 1 \cdot 3 + 2 \cdot 0 + (-5) \cdot 4 = -17$

問 **9.9** 次の積を計算せよ．

(1) $[\, 6 \quad 1 \,]\begin{bmatrix} 2 \\ 3 \end{bmatrix}$ (2) $[\, 1 \quad -3 \,]\begin{bmatrix} x \\ y \end{bmatrix}$ (3) $[\, 1 \quad 1 \quad 2 \,]\begin{bmatrix} 3 \\ 0 \\ 4 \end{bmatrix}$

(9.7) の積をもとに，さらに以下の積が定義される．(9.8) は (9.4) と同じ．

$$\begin{bmatrix} a & b \\ c & d \end{bmatrix}\begin{bmatrix} p \\ r \end{bmatrix} = \begin{bmatrix} ap + br \\ cp + dr \end{bmatrix} \tag{9.8}$$

$$[\, a \quad b \,]\begin{bmatrix} p & q \\ r & s \end{bmatrix} = [\, ap+br \quad aq+bs \,] \tag{9.9}$$

正方行列 $A = \begin{bmatrix} a & b \\ c & d \end{bmatrix}$, $B = \begin{bmatrix} p & q \\ r & s \end{bmatrix}$ の積 AB は次で定義される.

$$\begin{bmatrix} a & b \\ c & d \end{bmatrix} \begin{bmatrix} p & q \\ r & s \end{bmatrix} = \begin{bmatrix} ap+br & aq+bs \\ cp+dr & cq+ds \end{bmatrix} \tag{9.10}$$

A の第 i 行と B の第 j 列の積が, AB の (i,j) 成分となる. (9.10) の白抜き部分をみると, A の第 1 行と B の第 2 列の積が右辺の $(1,2)$ 成分を与えている.

例題 9.10

積 $\begin{bmatrix} 3 & 1 \\ 7 & 5 \end{bmatrix} \begin{bmatrix} -1 & 2 \\ 4 & 1 \end{bmatrix}$ を計算せよ.

解答 $\begin{bmatrix} 3 & 1 \\ 7 & 5 \end{bmatrix} \begin{bmatrix} -1 & 2 \\ 4 & 1 \end{bmatrix} = \begin{bmatrix} 3\cdot(-1)+1\cdot4 & 3\cdot2+1\cdot1 \\ 7\cdot(-1)+5\cdot4 & 7\cdot2+5\cdot1 \end{bmatrix} = \begin{bmatrix} 1 & 7 \\ 13 & 19 \end{bmatrix}$

問 9.10 次の積を計算せよ.

(1) $\begin{bmatrix} -1 & 2 \\ 3 & 1 \end{bmatrix} \begin{bmatrix} 2 \\ 3 \end{bmatrix}$

(2) $\begin{bmatrix} 6 & 1 \end{bmatrix} \begin{bmatrix} -1 & 2 \\ 3 & 1 \end{bmatrix}$

(3) $\begin{bmatrix} 1 & 1 \\ 2 & 3 \end{bmatrix} \begin{bmatrix} -1 & 0 \\ 4 & 5 \end{bmatrix}$

(4) $\begin{bmatrix} -1 & 2 \\ 4 & 1 \end{bmatrix} \begin{bmatrix} 3 & 1 \\ 7 & 5 \end{bmatrix}$

! 積における行列の型の規則は複雑だが, 次のようにまとめられる :

$$(m \times \boxed{n} \text{ 行列}) \, (\boxed{n} \times r \text{ 行列}) = (m \times r \text{ 行列})$$

これらが等しくないと, 積は定義されない

たとえば, (9.8) においては $(2\times2$ 行列$)(2\times1$ 行列$) = (2\times1$ 行列$)$ である.

$\diamond$

A, B がともに 2 次正方行列の場合, AB, BA も 2 次正方行列である. しかし

$$\underline{AB = BA \text{ とはかぎらない}}$$

(例題 9.10 と問 9.10 (4) を比較せよ) これは, 行列の積が数の積と著しく異

なる点のひとつである．等式 $AB = BA$ が成り立つこともあるが，それは特別なことであり，そのときには A と B は**可換**であるという．

一方，数の計算のときと同様に，以下の計算法則が成り立つ．

結合法則	$(AB)C = A(BC)$	(9.11)
	$(kA)B = A(kB) = k(AB)$　　k は実数	
分配法則	$(A + B)C = AC + BC, \quad A(B + C) = AB + AC$	

9.5　逆行列

この節で行列といえば，2次の正方行列をさすものとする．

【**単位行列と零行列**】　行列

$$E = \begin{bmatrix} 1 & 0 \\ 0 & 1 \end{bmatrix}$$

を**単位行列**という．任意の行列 A に対して次が成り立つ（確かめよ）．

$$AE = EA = A$$

つまり，E は，数の積における 1 の役割を果たす．また，行列

$$O = \begin{bmatrix} 0 & 0 \\ 0 & 0 \end{bmatrix}$$

を**零行列**という．任意の行列 A に対して次が成り立つ．

$$AO = OA = O, \qquad A+O = O+A = A$$

つまり，O は，数の計算における 0 の役割を果たす．

【**逆行列**】　数 $a\,(\neq 0)$ には $ax = xa = 1$ をみたす逆数 $x = a^{-1}$ がある．以下，行列における「逆数」である逆行列について説明する．

行列 A に対して，　$AX = XA = E$　をみたす行列 X が存在するとき，A は**正則**であるという．　$AX = XA = E$　をみたす X は，あるとしても 1 つだけであることが知られている．この X を A の**逆行列**といい，A^{-1} で表す．

$$AA^{-1} = A^{-1}A = E \tag{9.12}$$

正則であるとは逆行列をもつことにほかならない.

◇

2 次正方行列 $A = \begin{bmatrix} a & b \\ c & d \end{bmatrix}$ が正則かどうかは, A の成分の式 $ad - bc$ の値により判定できる. この成分の式を A の**行列式**と呼び, 記号 $\det(A)$ で書き表す.

$$\det(A) = \det \begin{bmatrix} a & b \\ c & d \end{bmatrix} = ad - bc$$

次の定理が成り立つことが知られている.

定理　$A = \begin{bmatrix} a & b \\ c & d \end{bmatrix}$ は, $\det(A) \neq 0$ をみたせば正則であり, 逆に正則ならば $\det(A) \neq 0$ をみたす. 逆行列 A^{-1} は次で与えられる.

$$A^{-1} = \frac{1}{\det(A)} \begin{bmatrix} d & -b \\ -c & a \end{bmatrix} \tag{9.13}$$

$\det(A) = 0$ である行列 A は, $A \neq O$ であっても, 正則でない. たとえば,

$A = \begin{bmatrix} 1 & 3 \\ 2 & 6 \end{bmatrix}$ は $\det(A) = 1 \cdot 6 - 3 \cdot 2 = 0$ をみたす. この A に対し, 積

$$AB = \begin{bmatrix} 1 & 3 \\ 2 & 6 \end{bmatrix} \begin{bmatrix} p & q \\ r & s \end{bmatrix} = \begin{bmatrix} p + 3r & q + 3s \\ 2(p + 3r) & 2(q + 3s) \end{bmatrix} \tag{9.14}$$

が単位行列となるには, 第 1 列において $p + 3r = 1$, $2(p + 3r) = 0$ が必要だが, これらは両立しえない. よって $\underline{AB = E}$ をみたす B はないので, A は正則でない.

┌─ **例題 9.11** ─────────────

$A = \begin{bmatrix} 3 & 1 \\ 7 & 5 \end{bmatrix}$ の逆行列 A^{-1} を求め, $AA^{-1} = A^{-1}A = E$ を確かめよ.

解答 $\det(A) = 3 \cdot 5 - 1 \cdot 7 = 8 \neq 0$ であるから A は正則で, (9.13) より

$$A^{-1} = \frac{1}{8}\begin{bmatrix} 5 & -1 \\ -7 & 3 \end{bmatrix} = \begin{bmatrix} \dfrac{5}{8} & -\dfrac{1}{8} \\ -\dfrac{7}{8} & \dfrac{3}{8} \end{bmatrix}$$

積 AA^{-1} が E であることが次の計算からわかる.

$$\begin{bmatrix} 3 & 1 \\ 7 & 5 \end{bmatrix}\begin{bmatrix} \dfrac{5}{8} & -\dfrac{1}{8} \\ -\dfrac{7}{8} & \dfrac{3}{8} \end{bmatrix} = \begin{bmatrix} 3 \cdot \dfrac{5}{8} + 1 \cdot \left(-\dfrac{7}{8}\right) & 3 \cdot \left(-\dfrac{1}{8}\right) + 1 \cdot \dfrac{3}{8} \\ 7 \cdot \dfrac{5}{8} + 5 \cdot \left(-\dfrac{7}{8}\right) & 7 \cdot \left(-\dfrac{1}{8}\right) + 5 \cdot \dfrac{3}{8} \end{bmatrix}$$

$$= \begin{bmatrix} 1 & 0 \\ 0 & 1 \end{bmatrix}$$

積 $A^{-1}A$ の計算は次のとおり.

$$\begin{bmatrix} \dfrac{5}{8} & -\dfrac{1}{8} \\ -\dfrac{7}{8} & \dfrac{3}{8} \end{bmatrix}\begin{bmatrix} 3 & 1 \\ 7 & 5 \end{bmatrix} = \begin{bmatrix} \dfrac{5}{8} \cdot 3 + \left(-\dfrac{1}{8}\right) \cdot 7 & \dfrac{5}{8} \cdot 1 + \left(-\dfrac{1}{8}\right) \cdot 5 \\ \left(-\dfrac{7}{8}\right) \cdot 3 + \dfrac{3}{8} \cdot 7 & \left(-\dfrac{7}{8}\right) \cdot 1 + \dfrac{3}{8} \cdot 5 \end{bmatrix}$$

$$= \begin{bmatrix} 1 & 0 \\ 0 & 1 \end{bmatrix}$$

問 9.11 次の A の逆行列 A^{-1} を求め, さらに $AA^{-1} = A^{-1}A = E$ を確かめよ.

(1) $A = \begin{bmatrix} 2 & 1 \\ 5 & 3 \end{bmatrix}$　　(2) $A = \begin{bmatrix} 4 & -2 \\ -5 & 3 \end{bmatrix}$　　(3) $A = \begin{bmatrix} 4 & 0 \\ -1 & 7 \end{bmatrix}$

【零因子】 (9.14) の積 AB で, $\underline{AB = O}$ をみたす $B(\neq O)$ が存在する. 実際,

$AB = O$ となる条件は
$$\begin{cases} p + 3r = 0, & q + 3s = 0 \\ 2(p + 3r) = 0, & 2(q + 3s) = 0 \end{cases}$$

であり, たとえば, $p = q = 3, r = s = -1$ がこれをみたし, 次が成り立つ.

$$\begin{bmatrix} 1 & 3 \\ 2 & 6 \end{bmatrix}\begin{bmatrix} 3 & 3 \\ -1 & -1 \end{bmatrix} = \begin{bmatrix} 0 & 0 \\ 0 & 0 \end{bmatrix}$$

この例からわかるように，数の積と異なり

$$A \neq O, B \neq O \text{ であっても，} AB = O \text{ となることがある.}$$

そのような行列 A, B を**零因子**という．一般に，

正則でない正方行列は零因子であり，正則な行列は零因子でない．

例題 9.12

次の等式が成り立つように a, b の値を定めよ.

(1) $\begin{bmatrix} 2 & 1 \\ 4 & 2 \end{bmatrix} \begin{bmatrix} 3 & a \\ b & -5 \end{bmatrix} = O$　　　(2) $\begin{bmatrix} 2 & 1 \\ 4 & 3 \end{bmatrix} \begin{bmatrix} 3 & a \\ b & -5 \end{bmatrix} = O$

解答

(1) $\begin{bmatrix} 2 & 1 \\ 4 & 2 \end{bmatrix} \begin{bmatrix} 3 & a \\ b & -5 \end{bmatrix} = \begin{bmatrix} 6+b & 2a-5 \\ 12+2b & 4a-10 \end{bmatrix} = \begin{bmatrix} 0 & 0 \\ 0 & 0 \end{bmatrix}$ より

$$\begin{cases} 6 + b = 0, \quad 2a - 5 = 0, \\ 12 + 2b = 0, \quad 4a - 10 = 0. \end{cases}$$ これを解くと $a = \dfrac{5}{2},\ b = -6.$

(2) $\det \begin{bmatrix} 2 & 1 \\ 4 & 3 \end{bmatrix} = 2 \cdot 3 - 1 \cdot 4 = 2 \neq 0$ より，$\begin{bmatrix} 2 & 1 \\ 4 & 3 \end{bmatrix}$ は正則であり，

ゆえに零因子ではない．よって，与えられた等式をみたす a, b の値
はない．

問 9.12　次の各等式が成り立つような a, b の値を求めよ.

(1) $\begin{bmatrix} a & 1 \\ 2 & 3 \end{bmatrix} \begin{bmatrix} 3 & -6 \\ -2 & 4 \end{bmatrix} = O$　　　(2) $\begin{bmatrix} 3 & a \\ b & -5 \end{bmatrix} \begin{bmatrix} 1 & 3 \\ 2 & 6 \end{bmatrix} = O$

(3) $\begin{bmatrix} a & 1 \\ 2 & 3 \end{bmatrix} \begin{bmatrix} 1 & 5 \\ -2 & 4 \end{bmatrix} = O$

9.6　1次変換の合成・逆

本節からは，9.1 節で取り上げた1次変換の話にもどろう.

【合成変換】 2次正方行列 A, B の表す1次変換を，それぞれ f, g とする．

f により点 $\mathrm{P}(x, y)$ が点 $\mathrm{Q}(x', y')$ に移り，さらに，g により点 Q が点 $\mathrm{R}(x'', y'')$ に移るとすると

$$\left[\begin{array}{c} x' \\ y' \end{array}\right] = A\left[\begin{array}{c} x \\ y \end{array}\right], \quad \left[\begin{array}{c} x'' \\ y'' \end{array}\right] = B\left[\begin{array}{c} x' \\ y' \end{array}\right]$$

よって，結合法則 (9.11) から

$$\left[\begin{array}{c} x'' \\ y'' \end{array}\right] = B\left(A\left[\begin{array}{c} x \\ y \end{array}\right]\right) = (BA)\left[\begin{array}{c} x \\ y \end{array}\right] \tag{9.15}$$

(9.15) は点 P を直接点 R に移す1次変換が BA で表されることを意味する．この変換を f と g の**合成変換**といい，$g \circ f$ と書く．(9.15) から，

> 行列 A, B の表す1次変換をそれぞれ f, g とすると，合成変換 $g \circ f$ は行列 BA の表す1次変換である．

例題 9.13

$A = \left[\begin{array}{cc} -3 & 5 \\ 1 & -3 \end{array}\right], B = \left[\begin{array}{cc} 1 & 2 \\ -1 & 3 \end{array}\right]$ の表す1次変換をそれぞれ f, g とする．このとき，$f \circ g$ と $g \circ f$ それぞれを表す行列を求めよ．

解答 $f \circ g$ を表す行列は積 AB，$g \circ f$ を表す行列は積 BA であり，それぞれ

$$AB = \left[\begin{array}{cc} -8 & 9 \\ 4 & -7 \end{array}\right], \quad BA = \left[\begin{array}{cc} -1 & -1 \\ 6 & -14 \end{array}\right]$$

問 9.13 次の1次変換 f, g の合成変換 $g \circ f$，$f \circ g$ を表す行列を求めよ．

(1) $A = \left[\begin{array}{cc} 1 & 0 \\ -2 & 1 \end{array}\right]$ の表す f と，$B = \left[\begin{array}{cc} 2 & 3 \\ 1 & -3 \end{array}\right]$ の表す g

(2) $A = \left[\begin{array}{cc} 1 & 1 \\ 0 & 1 \end{array}\right]$ の表す f と，$B = \left[\begin{array}{cc} 0 & 2 \\ 0 & 3 \end{array}\right]$ の表す g

【逆変換】　逆行列をもつ 2 次正方行列 A の表す 1 次変換を f とする.

f により点 P(x, y) が点 Q(x', y') に移るとすると

$$\begin{bmatrix} x' \\ y' \end{bmatrix} = A \begin{bmatrix} x \\ y \end{bmatrix}$$

この両辺に左から逆行列 A^{-1} を掛けると

$$A^{-1} \begin{bmatrix} x' \\ y' \end{bmatrix} = \underbrace{(A^{-1}A)}_{E} \begin{bmatrix} x \\ y \end{bmatrix}, \qquad ゆえに \qquad \begin{bmatrix} x \\ y \end{bmatrix} = A^{-1} \begin{bmatrix} x' \\ y' \end{bmatrix}$$

これは, A^{-1} の表す 1 次変換が (f と逆で) 点 Q を点 P に移すことを意味する. この, f と逆向きの対応を, f の**逆変換**といい, f^{-1} で表す.

> 正則な行列 A の表す 1 次変換 f は逆変換 f^{-1} をもち, f^{-1} は行列 A^{-1} の表す 1 次変換である.

例題 9.14

$A = \begin{bmatrix} 2 & 6 \\ 1 & 4 \end{bmatrix}$ の表す 1 次変換 f の逆変換を表す行列を求めよ. また, f によってベクトル $\begin{bmatrix} 2 \\ 3 \end{bmatrix}$ に移される, もとのベクトル $\begin{bmatrix} x \\ y \end{bmatrix}$ を求めよ.

解答　逆変換 f^{-1} を表す行列は A^{-1} である. $\det(A) = 2 \cdot 4 - 6 \cdot 1 = 2$ より

$$A^{-1} = \frac{1}{2} \begin{bmatrix} 4 & -6 \\ -1 & 2 \end{bmatrix} = \begin{bmatrix} 2 & -3 \\ -\dfrac{1}{2} & 1 \end{bmatrix}$$

f によって $\begin{bmatrix} 2 \\ 3 \end{bmatrix}$ に移されるのは　　$\begin{bmatrix} x \\ y \end{bmatrix} = A^{-1} \begin{bmatrix} 2 \\ 3 \end{bmatrix} = \begin{bmatrix} -5 \\ 2 \end{bmatrix}$

問 9.14　次の行列で表される 1 次変換 f の逆変換を表す行列を求めよ. また, f によってベクトル $\begin{bmatrix} 2 \\ 1 \end{bmatrix}$ に移される, もとのベクトル $\begin{bmatrix} x \\ y \end{bmatrix}$ を求めよ.

(1) $A = \begin{bmatrix} 1 & 0 \\ -2 & 1 \end{bmatrix}$　　(2) $A = \begin{bmatrix} 1 & 1 \\ 0 & 1 \end{bmatrix}$

【逆変換をもたない 1 次変換】*　例として，
行列

$$A = \begin{bmatrix} 1 & 0 \\ 0 & 0 \end{bmatrix} \qquad (9.16)$$

の表す 1 次変換 f を考える．点 $P(x,y)$ の
f による像 $Q(x',y')$ は次式で定まる．

$$\begin{bmatrix} x' \\ y' \end{bmatrix} = \begin{bmatrix} 1 & 0 \\ 0 & 0 \end{bmatrix} \begin{bmatrix} x \\ y \end{bmatrix} = \begin{bmatrix} x \\ 0 \end{bmatrix}$$

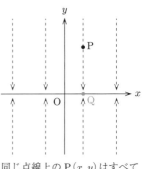

同じ点線上の $P(x,y)$ はすべて，
x 軸上の同じ点 $Q(x,0)$ に移る

よって，$y' = 0$ であるから，Q は必ず x 軸
上に位置する．しかも，$P(x,y)$ が平面全体を動くとき，$x' (= x)$ はすべての
実数値をとるので，Q は x 軸全体を動く．つまり，平面全体の像が x 軸全体に
なる．

例題 9.15

次の行列の表す 1 次変換 f による平面全体の像を求めよ．

(1) $\begin{bmatrix} 0 & 0 \\ 0 & 0 \end{bmatrix}$ 　　(2) $\begin{bmatrix} \dfrac{1}{2} & \dfrac{1}{2} \\ \dfrac{1}{2} & \dfrac{1}{2} \end{bmatrix}$

解答　$P(x,y)$ が平面全体を動くとき（つまり x も y もそれぞれ実数全体を
動くとき），f による像 $Q(x',y')$ が動く範囲を調べる．

(1) $\begin{bmatrix} x' \\ y' \end{bmatrix} = \begin{bmatrix} 0 & 0 \\ 0 & 0 \end{bmatrix} \begin{bmatrix} x \\ y \end{bmatrix} = \begin{bmatrix} 0 \\ 0 \end{bmatrix}$ より，すべての P が原点 O に
移る．

(2) $\begin{bmatrix} x' \\ y' \end{bmatrix} = \begin{bmatrix} \dfrac{1}{2} & \dfrac{1}{2} \\ \dfrac{1}{2} & \dfrac{1}{2} \end{bmatrix} \begin{bmatrix} x \\ y \end{bmatrix} = \begin{bmatrix} \dfrac{x+y}{2} \\ \dfrac{x+y}{2} \end{bmatrix}$ より，$x' = y'$ が成り立つ

から，Q は直線 $y = x$ 上にある．しかも，P が平面全体を動くと，

$$x' \left(= \frac{x+y}{2} \right)$$ はすべての実数値をとるので，Q は直線 $y = x$ 全
体を動く．

問 **9.15** 次の行列の表す1次変換 f による平面全体の像を求めよ.

(1) $\begin{bmatrix} 0 & 0 \\ 0 & 1 \end{bmatrix}$ (2) $\begin{bmatrix} 1 & 1 \\ -1 & -1 \end{bmatrix}$ (3) $\begin{bmatrix} 1 & 0 \\ 3 & 0 \end{bmatrix}$

(9.16) の A が表す f の考察を続けよう. 試みに, 対応

$$P \xrightarrow{f} Q$$

に対する「逆向きの対応」を考えてみると, 2つの顕著な特徴が浮かび上がる.

第一に,「逆向きの対応」の出発点 Q を平面全体に渡ってとることはできない. 前ページで述べたように, Q は x 軸上に限定される.

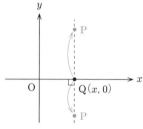

第二に, 各 Q に対応する P は, 1つだけではない. たとえば, Q(2,0) に対応する P は直線 $x = 2$ 上のすべての点である. 実際, P(x, y) の f による像 Q$(x, 0)$ が $(2, 0)$ となるのは $x = 2$ (y は何でもよい) のときである.

x 軸上の点 Q から, f による対応を逆にたどると …… P は1つに決まらない.

以上の特徴は, 変換の定義に反し,「逆向きの対応」が変換でないことを意味する. よって, f には逆変換がない. これは A^{-1} がないことと符合する. 一般に

逆行列をもたない行列 A の表す1次変換 f は逆変換をもたない.

例題 9.16

例題 9.15 (2) の f によって点 $(1, 1)$ に移される, もとの点をすべて求めよ.

解答 $P(x, y)$ の f による像 $Q\left(\dfrac{x+y}{2}, \dfrac{x+y}{2}\right)$

が $(1, 1)$ となる条件は，$\dfrac{x+y}{2} = 1$ であり，
$$y = -x + 2$$

と同値．ゆえに，f により $(1, 1)$ に移る点の全体

は，直線 $y = -x + 2$ である．

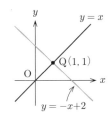

問 9.16 次の行列 A の表す 1 次変換 f によって，与え
られた点に移される，もとの点をすべて求めよ．

(1) $A = \begin{bmatrix} 0 & 0 \\ 0 & 2 \end{bmatrix}$，点 $(0, 1)$ (2) $A = \begin{bmatrix} 1 & -1 \\ 0 & 0 \end{bmatrix}$，点 $(-3, 0)$

9.7 回転移動

座標平面上で，原点 O のまわりに角 θ だけ回転する回転移動を f とする．f
は 1 次変換であることを示し，f を表す行列を求めよう．

x 軸の正の部分と角 α をなす長さ r のベ
クトル
$$\begin{bmatrix} x \\ y \end{bmatrix} = \begin{bmatrix} r\cos\alpha \\ r\sin\alpha \end{bmatrix}$$

は，f により x 軸の正の部分と角 $\alpha + \theta$ をな
すベクトル
$$\begin{bmatrix} x' \\ y' \end{bmatrix} = \begin{bmatrix} r\cos(\alpha + \theta) \\ r\sin(\alpha + \theta) \end{bmatrix}$$

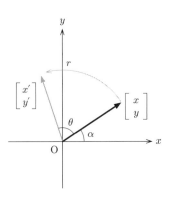

に移される．三角関数の加法定理を用いて
変形すると次のようになる．

$$\begin{bmatrix} x' \\ y' \end{bmatrix} = \begin{bmatrix} r\cos\alpha\cos\theta - r\sin\alpha\sin\theta \\ r\sin\alpha\cos\theta + r\cos\alpha\sin\theta \end{bmatrix} = \begin{bmatrix} x\cos\theta - y\sin\theta \\ x\sin\theta + y\cos\theta \end{bmatrix}$$

$$= \begin{bmatrix} \cos\theta & -\sin\theta \\ \sin\theta & \cos\theta \end{bmatrix} \begin{bmatrix} x \\ y \end{bmatrix}$$

よって，原点のまわりの角 θ の回転移動は，次の式で表される 1 次変換である.

$$\begin{bmatrix} x' \\ y' \end{bmatrix} = \begin{bmatrix} \cos\theta & -\sin\theta \\ \sin\theta & \cos\theta \end{bmatrix} \begin{bmatrix} x \\ y \end{bmatrix} \tag{9.17}$$

例題 9.17

原点のまわりに $60°$ だけ回転する 1 次変換を表す行列 A を求めよ. また，その変換によるベクトル $\begin{bmatrix} 2 \\ 4 \end{bmatrix}$ の像を求めよ.

解答　$\cos 60° = \dfrac{1}{2},\ \sin 60° = \dfrac{\sqrt{3}}{2}$ より，　　$A = \begin{bmatrix} \dfrac{1}{2} & -\dfrac{\sqrt{3}}{2} \\ \dfrac{\sqrt{3}}{2} & \dfrac{1}{2} \end{bmatrix}$

求めるベクトルの像は　$\begin{bmatrix} \dfrac{1}{2} & -\dfrac{\sqrt{3}}{2} \\ \dfrac{\sqrt{3}}{2} & \dfrac{1}{2} \end{bmatrix} \begin{bmatrix} 2 \\ 4 \end{bmatrix} = \begin{bmatrix} 1-2\sqrt{3} \\ \sqrt{3}+2 \end{bmatrix}$

問 9.17　原点のまわりに次の角だけ回転する 1 次変換を表す行列を求めよ. また，その 1 次変換によるベクトル $\begin{bmatrix} -2 \\ 6 \end{bmatrix}$ の像を求めよ.

(1)　$30°$　　　(2)　$45°$　　　(3)　$210°$　　　(4)　$270°$　　　(5)　$-30°$

【回転の逆】　原点 O のまわりの角 θ の回転移動を f とすると，f の逆変換 f^{-1} は逆回転，すなわち角 $-\theta$ の回転移動であるから，この変換を表す行列は

$$\begin{bmatrix} \cos(-\theta) & -\sin(-\theta) \\ \sin(-\theta) & \cos(-\theta) \end{bmatrix} = \begin{bmatrix} \cos\theta & \sin\theta \\ -\sin\theta & \cos\theta \end{bmatrix}$$

f を表す行列について (9.13) により逆行列を求めてみて，上の行列と一致することを確かめよ.

【回転の合成】 原点 O のまわりの角 α の回転移動 f と角 β の回転移動 g の合成 $g \circ f$ は，角 $\alpha+\beta$ の回転移動であるから，これを表す行列は次のようになる．

$$\begin{bmatrix} \cos(\alpha+\beta) & -\sin(\alpha+\beta) \\ \sin(\alpha+\beta) & \cos(\alpha+\beta) \end{bmatrix} \tag{9.18}$$

例題 9.18

原点 O のまわりの $10°$ の回転移動 f を表す行列を A とするとき，$(A^3)^{-1}$ を求めよ．

解答 $A^3 = AAA$ が表す 1 次変換 $g = f \circ f \circ f$ は，f の 3 倍の回転である．すなわち g は原点のまわりの $10° \times 3 = 30°$ の回転移動である．さらに，$(A^3)^{-1}$ が表す 1 次変換 g^{-1} は原点のまわりの $-30°$ の回転移動であるから，

$$(A^3)^{-1} = \begin{bmatrix} \cos(-30°) & -\sin(-30°) \\ \sin(-30°) & \cos(-30°) \end{bmatrix} = \begin{bmatrix} \dfrac{\sqrt{3}}{2} & \dfrac{1}{2} \\ -\dfrac{1}{2} & \dfrac{\sqrt{3}}{2} \end{bmatrix}$$

問 9.18 a 原点 O のまわりの $15°$ の回転移動 f を表す行列を A とするとき，次の行列を求めよ．

(1) A^3　　(2) $(A^{-1})^4$　　(3) A^6　　(4) A^{12}　　(5) A^{24}

問 9.18 b f, g はそれぞれ原点 O のまわりの角 α，角 β の回転移動とし，f を表す行列を A，g を表す行列を B とする．このとき，積 BA を計算してみて，(9.18) の行列

$$\begin{bmatrix} \cos(\alpha+\beta) & -\sin(\alpha+\beta) \\ \sin(\alpha+\beta) & \cos(\alpha+\beta) \end{bmatrix}$$

と一致することを確かめよ．

演習問題解答

第 1 章　数・文字式・関数

問 1.1

(1) $\dfrac{5}{6}$　　(2) $\dfrac{5}{2}$　　(3) $\dfrac{7}{12}$　　(4) $\dfrac{27}{2}$　　(5) 80　　(6) -4

問 1.2

(1) $2a^2 - \dfrac{1}{b}$　　(2) $x + \dfrac{2y}{x^2}$　　(3) $\dfrac{4x(y+1)}{z}$　　(4) $\dfrac{3}{xy+2z}$

(5) $\dfrac{c}{3ab^2}$　　(6) $1 + (3a+1)^2$　　(7) $\dfrac{3x}{2by}$　　(8) $\dfrac{2}{3x} + \dfrac{x}{a+b}$

問 1.3

(1) $5 \times (x+1) \times (x+1)$　　　　(2) $1 \div (a \times a + 1)$

(3) $(s + 1 \div t) \times (s + 1 \div t)$　　(4) $1 + (x - y) \div 2$

(5) $(a \times a + b \times b) \div (a + b)$　　(6) $a \div b \div c \div c$

(7) $2 \times x \times y \div (x + y) \div (x + y)$　　(8) $3 \times s \div t \div t + t \times t \div 3 \div s$

(9) $(3 \times p - q) \div (r \times r + 1)$

問 1.4

(1) $\left(\dfrac{1}{2} - \dfrac{2}{3} \right) \times (-6) = \dfrac{1}{2} \times (-6) - \dfrac{2}{3} \times (-6) = -3 + 4 = 1$

(2) $\left(3 - \dfrac{3}{5} \right) \times 15 = 3 \times 15 - \dfrac{3}{5} \times 15 = 45 - 9 = 36$

(3) $99 \times 0.08 = (100 - 1) \times 0.08 = 8 - 0.08 = 7.92$

(4) $0.532 \times 1001 = 0.532 \times (1000 + 1) = 532 + 0.532 = 532.532$

(5) $11.4 \times 8 + 8.6 \times 8 = (11.4 + 8.6) \times 8 = 20 \times 8 = 160$

(6) $0.99 \times 0.54 + 0.01 \times 0.54 = (0.99 + 0.01) \times 0.54 = 1 \times 0.54 = 0.54$

問 1.5

(1) $3x + 11$　　(2) $t^2 - t - 1$　　(3) $a + 2$　　(4) $6x^2 - 7x - 6$

(5) $\dfrac{1}{2}a + \dfrac{2}{3}b$　　(6) $-2x + 3$

問 1.6

(1) $x = 2$　　(2) $x = 4$　　(3) $x = -5$　　(4) $x = -9$　　(5) $x = -2$

(6) $x = 1$ (7) 解なし   (8) $x = \pm 2$ (9) $x = -1, 3$ (10) すべての実数
(11) $x = -1$ を除くすべての実数   (12) 解なし

問 1.7

(1) $a = -\dfrac{1}{b-1}$ (2) $x = \dfrac{5}{y-4}$ (3) $k = 3x - \dfrac{3}{a}y$

(4) $b = \dfrac{a}{a-1}$ (5) $b = -1$ (6) $y = -x$

(7) $y = \dfrac{1}{x+6}$ (8) $y = -\dfrac{1}{1+x}$

問 1.8

(1) $x = 3, y = -2$ (2) $x = -2, y = 1$ (3) 解なし
(4) $4x - y = -3$ をみたす (x, y) の組全体
(5) $2x + y = -1$ をみたす (x, y) の組全体   (6) 解なし

問 1.9

(1) 3   (2) 6   (3) $\sqrt{2}$ (4) 2   (5) 3   (6) 15   (7) 3
(8) $\sqrt{2} + 1$ (9) $2\sqrt{3} - 2$ (10) $\dfrac{2}{3}\sqrt{3}$ (11) $\dfrac{3}{4}\sqrt{2}$ (12) $\dfrac{4}{5}\sqrt{10}$
(13) $-\dfrac{3}{2}\sqrt{3} + \dfrac{1}{2}$ (14) $-3 + 2\sqrt{2}$ (15) $\dfrac{5\sqrt{2} + 2\sqrt{5}}{3}$

問 1.10 $f(\sqrt{2})$, $f\left(-\dfrac{1}{2}\right)$ は順に以下のとおり.

(1) $8 - 6\sqrt{2}$, 11   (2) $3\sqrt{2}$, $-2 - \sqrt{2}$ (3) 3, $\dfrac{5}{4}$ (4) $\dfrac{3}{4}$, $-\dfrac{1}{8}$

(5) $\dfrac{\sqrt{2}}{2} + 1$, -1 (6) $-\dfrac{3}{4}\sqrt{2}$, $-\dfrac{15}{2}$ (7) $\dfrac{1}{3}$, $\dfrac{4}{5}$ (8) $-\dfrac{\sqrt{2}}{3}$, -1

(9) $\sqrt{3}$, $\dfrac{\sqrt{5}}{2}$

問 1.11 $f(2k+3)$, $f\left(\dfrac{1}{t}\right)$, $f(f(x))$ は順に以下のとおり.

(1) $4k + 3$, $\dfrac{2}{t} - 3$, $4x - 9$ (2) $k + 1$, $\dfrac{1-t}{2t}$, $\dfrac{x-3}{4}$

(3) $\dfrac{1}{2k+1}$, $\dfrac{t}{1-2t}$, $\dfrac{x-2}{-2x+5}$ (4) $\dfrac{1}{4k+7}$, $\dfrac{t}{2+t}$, $\dfrac{2x+1}{2x+3}$

(5) $2k + 3 + \dfrac{1}{2k+3}$, $\dfrac{1}{t} + t$, $x + \dfrac{1}{x} + \dfrac{x}{x^2+1}$ (6) $\dfrac{2k+4}{4k+5}$, $\dfrac{1+t}{2-t}$, x

問 1.12

(1)　傾き 1, y 切片 -1

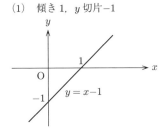

(2)　傾き -1, y 切片 $\sqrt{2}$

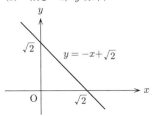

(3)　傾き 4, y 切片 -4

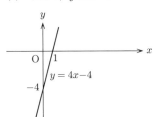

(4)　傾き $\dfrac{1}{2}$, y 切片 $-\dfrac{1}{2}$

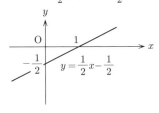

(5)　傾き 2, y 切片 -4

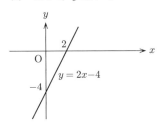

(6)　傾き $-\dfrac{1}{3}$, y 切片 -1

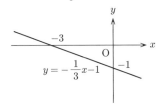

問 1.13

(1)

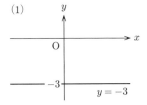

(2)

(3)

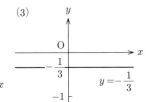

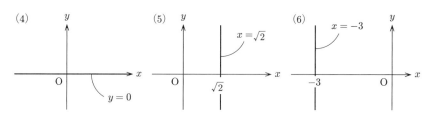

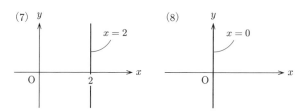

問 1.14

(1) $y = 2x - 6$ (2) $y = -3x + 1$ (3) $y = 2x + 4$ (4) $y = \dfrac{1}{3}x - \dfrac{1}{3}$

(5) $x = 7$ (6) $y = -3$

問 1.15

(1) 点 $(2, -1)$ (2) 直線 $x - 2y = 3$ 上の点全体   (3) 共有点は存在しない

(4) 点 $(1, -2)$ (5) 点 $(2, -3)$ (6) 点 $(-3, -1)$ (7) 共有点は存在しない

(8) 直線 $x - 2y = 1$ 上の点全体

第 2 章　式と計算

問 2.1

(1) $4x^2 + 5x$ (2) $2x^3 + 3x^2$ (3) $x^2 - 2x - 35$ (4) $x^2 - 9$

(5) $4x^2 + 21x + 5$ (6) $6x^2 - 5x - 4$

(7) $x^3 - (a + b + c)x^2 + (ab + bc + ca)x - abc$ (8) $x^3 + x - 2$

問 2.2

(1) $x^2 - 9$ (2) $a^2 - 4b^2$ (3) $t^2 - 12$ (4) $x^2 + 2x - 8$

(5) $a^2 + a - 12$ (6) $t^2 - 7ts + 10s^2$ (7) $x^2 + 6x + 9$

(8) $9x^2 - 6 + \dfrac{1}{x^2}$ (9) $x^2 + 2\pi x + \pi^2$ (10) $25x^2 - 40x + 16$

(11) $\dfrac{1}{4}x^2 - 5x + 25$ (12) $x^3 + 6x^2 + 12x + 8$

(13) $8x^3 + 12x^2 + 6x + 1$ (14) $27x^3 - 27x^2 + 9x - 1$

(15) $8x^3 + 12x + \dfrac{6}{x} + \dfrac{1}{x^3}$

問 2.3

(1) 商 $-x^2 - 1$, 余り 1 (2) 商 $4x^3 - 2x^2 + x - \dfrac{1}{2}$, 余り $-\dfrac{1}{2}$

(3) 商 $x - 1$, 割り切れる

問 2.4

(1) $(x+3)(x-3)$ (2) $(x+2y)(x-2y)$ (3) $(7x+1)(7x-1)$

(4) $(5x+6)(5x-6)$ (5) $(x+1)(x+4)$ (6) $(x+2)(x-3)$

(7) $(x+2)^2$ (8) $(x-3)^2$ (9) $(x-1)(x^2+x+1)$

(10) $(x-3y)(x^2+3xy+9y^2)$ (11) $(x+1)(x^2-x+1)$

(12) $(x+2y)(x^2-2xy+4y^2)$ (13) $(x+y)(x-y)(x^2+y^2)$

(14) $(x+2)(x-2)(x+3)(x-3)$ (15) $(x+1)(x-1)(x^2+5)$

問 2.5

(1) $(2x+3)(x+1)$ (2) $(2x+1)(x-1)$ (3) $(5x+1)(x+2)$

(4) $(3x-1)(x+4)$ (5) $(3x+2)(x-2)$ (6) $(2x-5)(3x+4)$

問 2.6

(1) $(x-1)(x+2)(x+1)$ (2) $(x-1)^2(x+3)$

(3) $(x-1)(x+2)(x-2)$ (4) $(2x-1)(x+1)^2$

(5) $(x-1)(2x^2-x+1)$ (6) $(x+1)^2(x-2)(x+2)$

問 2.7

(1) $x-1$ (2) $\dfrac{x+1}{x+2}$ (3) $\dfrac{x-4}{x-1}$

問 2.8

(1) $\dfrac{2x}{(x-2)(x+2)}$ (2) $\dfrac{1}{(x-5)(x-4)}$ (3) $\dfrac{1}{x-1}$ (4) $\dfrac{1}{(x-1)^2}$

(5) $\dfrac{2}{x(x-1)(x+1)}$ (6) $\dfrac{x+3}{x(x-1)}$ (7) $\dfrac{3x+4}{x+1}$ (8) $\dfrac{x^2+x-1}{x}$

(9) $\dfrac{1}{x-3}$ (10) $\dfrac{2}{x(x-1)}$

問 2.9

(1) $\dfrac{1}{4}$ (2) $x+1$ (3) $\dfrac{1}{2}$ (4) $\dfrac{1}{x}$ (5) $4x$

(6) $x-1$ (7) $-\dfrac{1}{x-1}$ (8) $-\dfrac{1}{3x}$ (9) $-\dfrac{1}{x+1}$

問 2.10

(1) $-6i$ (2) $-2\sqrt{3}$ (3) -3 (4) -3 (5) $8i$ (6) 1

問 2.11 a

(1) $3i$ (2) $-\sqrt{3}\,i$ (3) $\dfrac{\sqrt{7}}{4}\,i$

問 **2.11 b**

(1) -7　　(2) $\sqrt{6}\,i$　　(3) $-\sqrt{6}$

問 **2.12**

(1) $a = 5, b = -4$　　(2) $a = 4, b = -3$　　(3) $a = \pm\dfrac{1}{\sqrt{2}}, b = \pm\dfrac{1}{\sqrt{2}}$ (複号同順)

問 **2.13**

(1) $6 + 2i$　　(2) $2 + 4i$　　(3) $-1 + 7i$　　(4) $-1 + 2\sqrt{2}\,i$　　(5) 10

(6) 1　　(7) $\dfrac{1 - 3i}{5}$　　(8) $-i$　　(9) $\dfrac{4 + 19i}{29}$

問 **2.14**

(1) $x = -10, 2$　　(2) $x = -\dfrac{1}{2}, 3$　　(3) $x = \dfrac{3}{2}, -\dfrac{2}{3}$

問 **2.15**

(1) $x = 2, 1$　　(2) $x = \dfrac{-3 \pm \sqrt{17}}{4}$　　(3) $x = 1 \pm \sqrt{2}\,i$

問 **2.16**

(1) $x = 1, 2$　　(2) $x = \dfrac{-1 \pm \sqrt{3}}{2}$　　(3) $x = \dfrac{5 \pm \sqrt{13}}{6}$

(4) $x = 2 \pm \sqrt{2}\,i$　　(5) $x = \dfrac{1}{2}$　　(6) $x = \dfrac{1 \pm \sqrt{3}\,i}{2}$

問 **2.17**

(1) $(x + \sqrt{3}\,i)(x - \sqrt{3}\,i)$　　(2) $(x - 1 + \sqrt{5})(x - 1 - \sqrt{5})$

(3) $(x + 2iy)(x - 2iy)$　　(4) $(x - (1 - i)y)(x - (1 + i)y)$

第3章　2次関数とその応用

問 **3.1**

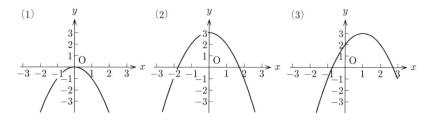

問 **3.2**　はじめに頂点の結果を示す．グラフは次ページの図のとおり．

(1) 頂点 $\left(0, \dfrac{3}{2}\right)$　　(2) 頂点 $(-1, -2)$　　(3) 頂点 $\left(\dfrac{1}{2}, \dfrac{3}{4}\right)$

(4) 頂点 $(1, -7)$　　(5) 頂点 $(-3, 5)$　　(6) 頂点 $(2, 2)$

(1)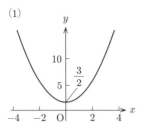

(2)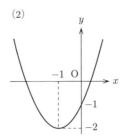

(3)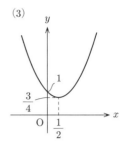

(4)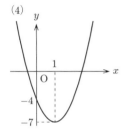

(5)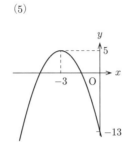

(6)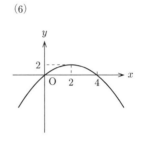

問 3.3

(1)　最大値 3，最小値 -1　　(2)　最大値 3，最小値はなし

(3)　縦の長さを x とすると四角形の面積 S は $S = x(4-x) = -(x-2)^2 + 4$ と書ける．よって，縦 $x = 2$，横 $4 - x = 2$ のときに最大値 4 をとる．

問 3.4　下に示す図を参考にして考える．

(1)　$y = (x-2)(x+3)$

(2)　$y = -(x-4)(x-1)$

(3)　$y = (x-1)^2 - 2$

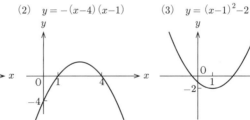

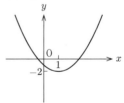

(4)　$y = -(x-2)^2$

(5)　$y = (x+2)^2$

(6)　$y = (x - \frac{3}{2})^2 + \frac{11}{4}$

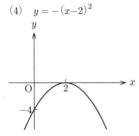

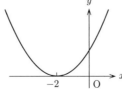

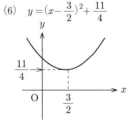

(1)　$x < -3,\ x > 2$　　(2)　$1 < x < 4$　　(3)　$1 - \sqrt{2} \leqq x \leqq 1 + \sqrt{2}$

(4)　$x = 2$　　(5)　$x = -2$ 以外のすべての実数.　　(6)　解はすべての実数 x.

問 3.5

(1)　$k > \dfrac{9}{8}$　　(2)　$k \leqq -2,\ k \geqq 1$　　(3)　$k = 1 \pm \sqrt{2}$

問 3.6

(1)　$k < -3,\ k > 5$ のとき 2 個，　$k = -3, 5$ のとき 1 個，　$-3 < k < 5$ のとき 0 個

(2)　$-1 < k < 3$ のとき 2 個，　$k = -1, 3$ のとき 1 個，　$k < -1, k > 3$ のとき 0 個

第 4 章　三角関数

問 4.1

(1)　$x = \sqrt{3}$　　(2)　$y = \dfrac{\sqrt{3}}{2},\ z = \dfrac{3}{2}$

問 4.2

(1)　$\dfrac{\sqrt{3}}{2}$　　(2)　$\dfrac{\sqrt{3}}{3}$　　(3)　$\dfrac{\sqrt{2}}{2}$　　(4)　1　　(5)　$\dfrac{\sqrt{3}}{2}$　　(6)　$\dfrac{1}{2}$

問 4.3

(1)　　$\cos(-30^\circ) = \dfrac{\sqrt{3}}{2},$　　　$\sin(-30^\circ) = -\dfrac{1}{2},$　　　$\tan(-30^\circ) = -\dfrac{\sqrt{3}}{3}$

(2)　　$\cos 150^\circ = -\dfrac{\sqrt{3}}{2},$　　　$\sin 150^\circ = \dfrac{1}{2},$　　　$\tan 150^\circ = -\dfrac{\sqrt{3}}{3}$

(3)　　$\cos(-225^\circ) = -\dfrac{\sqrt{2}}{2},$　　$\sin(-225^\circ) = \dfrac{\sqrt{2}}{2},$　　$\tan(-225^\circ) = -1$

(4)　　$\cos 960^\circ = -\dfrac{1}{2},$　　　$\sin 960^\circ = -\dfrac{\sqrt{3}}{2},$　　　$\tan 960^\circ = \sqrt{3}$

(5)　　$\cos(-480^\circ) = -\dfrac{1}{2},$　　　$\sin(-480^\circ) = -\dfrac{\sqrt{3}}{2},$　　$\tan(-480^\circ) = \sqrt{3}$

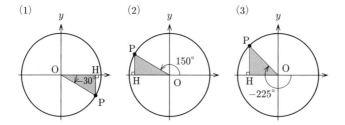

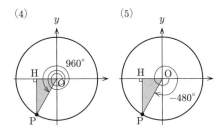

(4)　(5)

問 4.4

(1)　$\sin\theta = \dfrac{\sqrt{6}}{3},\ \tan\theta = -\sqrt{2}$.　　(2)　$\cos\theta = \dfrac{2}{\sqrt{5}},\ \tan\theta = -\dfrac{1}{2}$.

(3)　(4.6) を用いて $\cos^2\theta = \dfrac{1}{1+(-3)^2} = \dfrac{1}{10}$. よって, $\cos\theta = \dfrac{-1}{\sqrt{10}}$,

　　　$\sin\theta = \dfrac{3}{\sqrt{10}}$.

問 4.5　自分で図を描いて考えよう.

(1)　$\angle B = 135°$　　(2)　$AB = -2 + 2\sqrt{6}$　　(3)　$S = 5$　　(4)　$S = \dfrac{\sqrt{39}}{4}$

問 4.6

(1)　$\cos\pi = -1$,　　　　　　　$\sin\pi = 0$,　　　　　　　$\tan\pi = 0$

(2)　$\cos\dfrac{4\pi}{3} = -\dfrac{1}{2}$,　　　　$\sin\dfrac{4\pi}{3} = -\dfrac{\sqrt{3}}{2}$,　　　　$\tan\dfrac{4\pi}{3} = \sqrt{3}$

(3)　$\cos\left(-\dfrac{5\pi}{6}\right) = -\dfrac{\sqrt{3}}{2}$,　$\sin\left(-\dfrac{5\pi}{6}\right) = -\dfrac{1}{2}$,　$\tan\left(-\dfrac{5\pi}{6}\right) = \dfrac{1}{\sqrt{3}}$

(4)　$\cos\dfrac{7\pi}{4} = \dfrac{1}{\sqrt{2}}$,　　　　$\sin\dfrac{7\pi}{4} = -\dfrac{1}{\sqrt{2}}$,　　　$\tan\dfrac{7\pi}{4} = -1$

(5)　$\cos\left(-\dfrac{5\pi}{3}\right) = \dfrac{1}{2}$,　　$\sin\left(-\dfrac{5\pi}{3}\right) = \dfrac{\sqrt{3}}{2}$,　　$\tan\left(-\dfrac{5\pi}{3}\right) = \sqrt{3}$

(6)　$\cos\left(-\dfrac{13\pi}{6}\right) = \dfrac{\sqrt{3}}{2}$,　$\sin\left(-\dfrac{13\pi}{6}\right) = -\dfrac{1}{2}$,　$\tan\left(-\dfrac{13\pi}{6}\right) = -\dfrac{1}{\sqrt{3}}$

問 4.7

(1)　例題 4.7 にならって説明すればよい.

(2)　$\tan(-\theta) = \dfrac{\sin(-\theta)}{\cos(-\theta)} = \dfrac{-\sin\theta}{\cos\theta} = -\tan\theta$.

(3), (4) 角 $\theta, \theta+\pi$ の動径と単位円の交点をそれぞれ P,
P′ とする. $\mathrm{P}(\cos\theta, \sin\theta)$, $\mathrm{P}'(\cos(\theta+\pi), \sin(\theta+\pi))$
となり, 右図より両者の x, y 座標は符号のみが異なる
ので, $\cos(\theta+\pi) = -\cos\theta$, $\sin(\theta+\pi) = -\sin\theta$ が
成り立つ.

(5) 略

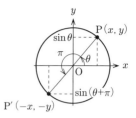

問 4.8

(1)

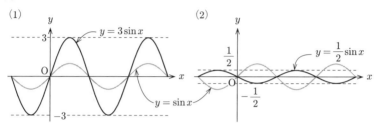

(2)

(3)

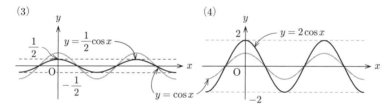

(4)

(5)

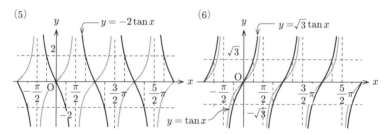

(6)

問 4.9

(1)

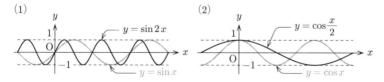

(2)

(3)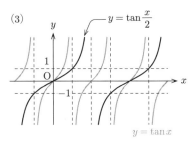

$y = \tan\dfrac{x}{2}$

$y = \tan x$

(4)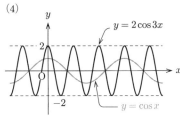

$y = 2\cos 3x$

$y = \cos x$

(5)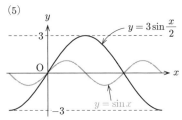

$y = 3\sin\dfrac{x}{2}$

$y = \sin x$

(6)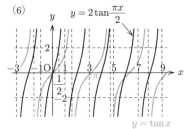

$y = 2\tan\dfrac{\pi x}{2}$

$y = \tan x$

問 4.10

(1)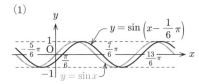

$y = \sin\left(x - \dfrac{1}{6}\pi\right)$

$y = \sin x$

(2)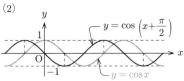

$y = \cos\left(x + \dfrac{\pi}{2}\right)$

$y = \cos x$

(3)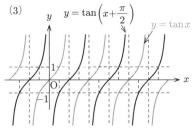

$y = \tan\left(x + \dfrac{\pi}{2}\right)$

$y = \tan x$

(4)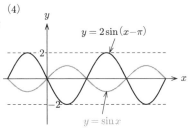

$y = 2\sin(x - \pi)$

$y = \sin x$

(5)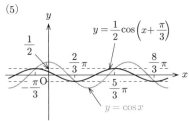

$y = \dfrac{1}{2}\cos\left(x + \dfrac{\pi}{3}\right)$

$y = \cos x$

(6)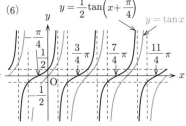

$y = \dfrac{1}{2}\tan\left(x + \dfrac{\pi}{4}\right)$

$y = \tan x$

問 4.11 $\tan(\alpha - \beta) = \dfrac{\sin(\alpha - \beta)}{\cos(\alpha - \beta)}$ としてサインとコサインの加法定理を用いる.

問 4.12

(1) $\dfrac{\sqrt{6} - \sqrt{2}}{4}$ (2) $\dfrac{\sqrt{6} - \sqrt{2}}{4}$ (3) $\dfrac{\sqrt{2} + \sqrt{6}}{4}$ (4) $\dfrac{\sqrt{2} - \sqrt{6}}{4}$ (5) $-2 - \sqrt{3}$

(6) $\dfrac{\sqrt{6} + \sqrt{2}}{4}$ (7) $\dfrac{\sqrt{6} - \sqrt{2}}{4}$ (8) $-\dfrac{\sqrt{6} + \sqrt{2}}{4}$ (9) $\dfrac{\sqrt{6} - \sqrt{2}}{4}$ (10) $\sqrt{3} - 2$

問 4.13 a

(1) $\sin 2\alpha = \sin(\alpha + \alpha) = \sin\alpha\cos\alpha + \cos\alpha\sin\alpha = 2\sin\alpha\cos\alpha.$

(2), (3) は省略

問 4.13 b $-\theta = 0 - \theta$ として加法定理を使うと

$$\cos(-\theta) = \cos(0 - \theta) = \cos 0 \cos\theta + \sin 0 \sin\theta = \cos\theta.$$

残りは省略.

問 4.14

(1) $\cos^2 \dfrac{\pi}{8} = \dfrac{1}{2}\left(1 + \cos\dfrac{\pi}{4}\right) = \dfrac{1}{2}\left(1 + \dfrac{1}{\sqrt{2}}\right) = \dfrac{2 + \sqrt{2}}{4}.$

よって $\cos\dfrac{\pi}{8} = \dfrac{\sqrt{2 + \sqrt{2}}}{2}$

(2) $\tan\dfrac{\pi}{8} = \dfrac{\sin\dfrac{\pi}{8}}{\cos\dfrac{\pi}{8}} = \dfrac{\sqrt{2 - \sqrt{2}}}{\sqrt{2 + \sqrt{2}}} = \dfrac{\sqrt{(2 - \sqrt{2})(2 - \sqrt{2})}}{\sqrt{(2 + \sqrt{2})(2 - \sqrt{2})}} = \dfrac{2 - \sqrt{2}}{\sqrt{2}} = \sqrt{2} - 1$

問 4.15

(1) $\cos 2\theta = \dfrac{1}{9},\ \sin 2\theta = -\dfrac{4\sqrt{5}}{9}$ (2) $\cos 2\alpha = -\dfrac{1}{8},\ \sin 2\alpha = \dfrac{3\sqrt{7}}{8}$

(3) $\cos\theta = -\dfrac{3}{5},\ \sin\theta = \dfrac{4}{5}$

問 4.16

(1) $\cos\dfrac{\theta}{2} = \dfrac{\sqrt{6}}{4},\ \sin\dfrac{\theta}{2} = \dfrac{\sqrt{10}}{4}$ (2) $\cos\alpha = -\dfrac{\sqrt{30}}{10},\ \sin\alpha = \dfrac{\sqrt{70}}{10}$

(3) $\cos\dfrac{\theta}{2} = \dfrac{\sqrt{18 - 3\sqrt{6}}}{6},\ \sin\dfrac{\theta}{2} = \dfrac{\sqrt{18 + 3\sqrt{6}}}{6}$

問 4.17*

(1) $\sqrt{2}\sin\left(x + \dfrac{\pi}{4}\right)$ (2) $2\sqrt{3}\sin\left(x - \dfrac{\pi}{6}\right)$

第 5 章　指数・対数関数

問 5.1

(1) $-\dfrac{1}{9}$ 　(2) $\dfrac{1}{9}$ 　(3) 9 　(4) 1 　(5) 1 　(6) 32 　(7) -27

(8) 1

問 5.2 a

(1) -18 　(2) 36 　(3) 1 　(4) 125 　(5) 27 　(6) 8

(7) $\dfrac{1}{2}b^2$ 　(8) 18 　(9) 2 　(10) 2000 　(11) $2a$

問 5.2 b 　$12 \div 4 = 3$ より $\left(\dfrac{1}{2}\right)^3 = \dfrac{1}{8}$. つまり 8 分の 1 の明るさ.

問 5.3

(1) 2 　(2) 3 　(3) 4 　(4) 2 　(5) 2 　(6) 4

(7) 5 　(8) 10 　(9) $\dfrac{1}{2}$ 　(10) $\dfrac{1}{2}$ 　(11) 2 　(12) 5

問 5.4

(1) 8 　(2) 16 　(3) 27 　(4) 8 　(5) 9 　(6) $\dfrac{1}{2}$

(7) $\dfrac{1}{25}$ 　(8) $\dfrac{1}{6}$ 　(9) 100 　(10) $\dfrac{1}{1000}$ 　(11) 3 　(12) 5

問 5.5

(1) 2 　(2) 4 　(3) 27 　(4) 64 　(5) 9 　(6) $\dfrac{1}{4}$

(7) $\dfrac{1}{3}$ 　(8) a^2 　(9) $\dfrac{1}{b}$ 　(10) 16 　(11) x^2 　(12) 3

(13) $5x$ 　(14) $x^{-\frac{1}{2}}$ 　(15) $x^{\frac{2}{3}}$ 　(16) 2 　(17) $2a$ 　(18) ab

問 5.6

(1)

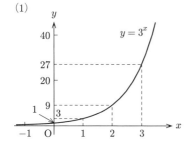

(2)

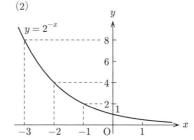

(3)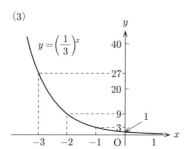

(4)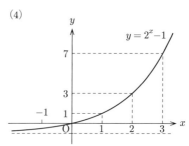

(5)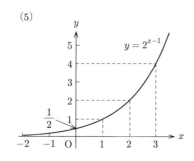

(6)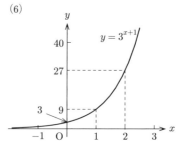

問 5.7

(1) $\log_2 32$ (2) $\log_2\left(\dfrac{1}{5}\right)$ (3) $\log_3 8$ (4) $\log_{\frac{1}{2}} 3$ (5) $\log_{10} 0.01$

(6) $\log_{0.5} 4$

問 5.8

(1) 3   (2) -3 (3) 10   (4) -5 (5) $\dfrac{1}{2}$ (6) 5   (7) 25

問 5.9

(1) $\log_2 8 = 3$ (2) $\log_3 \dfrac{1}{9} = -2$ (3) $\log_{100} 10 = \dfrac{1}{2}$

(4) $\log_{1/2} 4 = -2$ (5) $2^4 = 16$ (6) $9^{1/2} = 3$

(7) $10^{-3} = 0.001$ (8) $\left(\dfrac{1}{2}\right)^{-3} = 8$

問 5.10

(1) 1   (2) 2   (3) 2   (4) -2 (5) 0   (6) 2   (7) 3   (8) 0   (9) $\dfrac{1}{2}$

(10) 1

問 5.11

(1) 0.602   (2) 0.778   (3) -0.903 (4) 1.176   (5) -2.097 (6) 0.097

問 5.12*

(1) $\dfrac{1}{2}$　　(2) $\dfrac{4}{3}$　　(3) $\dfrac{7}{4}$　　(4) 0　　(5) 2　　(6) 1

問 5.13

(1)

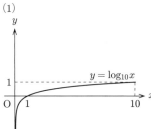

(2)

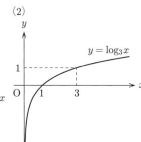

(3)

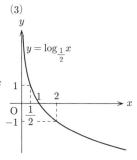

(4)

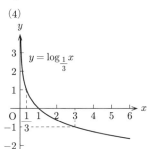

(5)

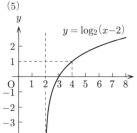

(6)

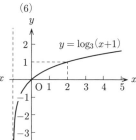

問 5.14

(1) $x = -1$　　(2) $x > -2$　　(3) $x = -2$　　(4) $x = 2\log_2 3$

(5) $x = 10$　　(6) $x = 1$　　(7) $x \geqq \dfrac{9}{4}$　　(8) $x = 2^{4/3} - 2$

第 6 章　微分

問 6.1　　(4), (5), (6) は省略した.

(1) $f'(a) = \displaystyle\lim_{h \to 0} \dfrac{(a+h)^2 - a^2}{h} = \lim_{h \to 0} \dfrac{2ah + h^2}{h} = \lim_{h \to 0}(2a + h) = 2a$

(2) $f'(a) = \displaystyle\lim_{h \to 0} \dfrac{\{3(a+h) + 1\} - (3a + 1)}{h} = \lim_{h \to 0} \dfrac{3h}{h} = \lim_{h \to 0} 3 = 3$

(3) $f'(a) = \displaystyle\lim_{h \to 0} \dfrac{\frac{1}{a+h} - \frac{1}{a}}{h} = \lim_{h \to 0} \dfrac{1}{h}\left(\dfrac{1}{a+h} - \dfrac{1}{a}\right)$

$\quad = \displaystyle\lim_{h \to 0} \dfrac{1}{h} \cdot \dfrac{a - (a+h)}{(a+h)a} = \lim_{h \to 0} \dfrac{-1}{a+h} = -\dfrac{1}{a}$

問 6.2

(1) $y' = 3x^2$ (2) $y' = -4x^{-5}$ (3) $y' = \dfrac{1}{3}x^{-\frac{2}{3}}$ (4) $y' = -\dfrac{3}{4}x^{-\frac{7}{4}}$

(5) $y' = \dfrac{1}{2}x^{-\frac{1}{2}}$ (6) $y' = \dfrac{3}{5}x^{-\frac{2}{5}}$ (7) $y' = -\dfrac{1}{x^2}$ (8) $y' = \dfrac{3}{2}x^{\frac{1}{2}}$

(9) $y' = -\dfrac{1}{2}x^{-\frac{3}{2}}$ (10) $y' = \dfrac{3}{4}x^{-\frac{1}{4}}$ (11) $y' = 0$ (12) $y' = 0$

問 6.3

(1) $y' = -2$ (2) $y' = 10x - 5$

(3) $y' = 6x^2 - 2x + 3$ (4) $y' = 5x^4 - 4x^3 + 3x^2 - 2x$

(5) $y' = 8x + 4$ (6) $y' = 3x^2 - 12x + 12$

(7) $y' = 1 - \dfrac{1}{x^2}$ (8) $y' = -\dfrac{1}{x^2} + \dfrac{4}{x^3}$

(9) $y' = \dfrac{1}{4}x^{-\frac{3}{4}} - 2x^{-2}$ (10) $y' = -x^{-\frac{3}{2}} + 6x^{-3}$

(11) $y' = -\dfrac{2}{3}x^{-\frac{5}{3}} + 4x^{\frac{1}{3}}$ (12) $y' = -\dfrac{1}{2}x^{-\frac{3}{2}} - x^{-\frac{1}{2}}$

(13) $y' = -\dfrac{4}{3}x^{-3}$ (14) $y' = 1 + x^{-\frac{3}{2}} - 2x^{-3}$

問 6.4

(1) $y = -3x - 1$ (2) $y = 5x - 7$ (3) $y = 12x + 16$ (4) $y = -\dfrac{1}{4}x + 1$

問 6.5 はじめに増減表を求める．グラフは最後にまとめて描いた．

(1) $y' = 8x - 12 = 8\left(x - \dfrac{3}{2}\right)$ より，$y' = 0$ となるのは $x = \dfrac{3}{2}$ のとき．

x	$\cdots$	$\dfrac{3}{2}$	$\cdots$
y'	$-$	0	$+$
y	$\searrow$	0	$\nearrow$

(2) $y' = 6x^2 - 6x - 12 = 6(x+1)(x-2)$ より，$y' = 0$ は $x = -1, 2$ のとき．

x	$\cdots$	-1	$\cdots$	2	$\cdots$
y'	$+$	0	$-$	0	$+$
y	$\nearrow$	8	$\searrow$	-19	$\nearrow$

(3) $y' = 6x^2 + 12x = 6x(x+2)$ より，$y' = 0$ となるのは $x = -2, 0$ のとき．

x	$\cdots$	-2	$\cdots$	0	$\cdots$
y'	$+$	0	$-$	0	$+$
y	$\nearrow$	5	$\searrow$	-3	$\nearrow$

(4) $y' = -3x^2 + 6x = -3x(x-2)$ より，$y' = 0$ となるのは $x = 0, 2$ のとき．

x	$\cdots$	0	$\cdots$	2	$\cdots$
y'	$-$	0	$+$	0	$-$
y	$\searrow$	0	$\nearrow$	4	$\searrow$

(5) $y' = 3x^2 - 6x + 3 = 3(x-1)^2$ より，$y' = 0$ となるのは $x = 1$ のとき．

x	$\cdots$	1	$\cdots$
y'	$+$	0	$+$
y	$\nearrow$	1	$\nearrow$

(6) $y' = -3x^2 + 12x - 12 = -3(x - 2)^2$ より, $y' = 0$ は $x = 2$ のとき.

x	$\cdots$	2	$\cdots$
y'	$-$	0	$-$
y	$\searrow$	-1	$\searrow$

(1)
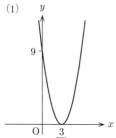

(2)
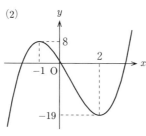

(3)
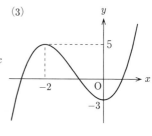

(4)
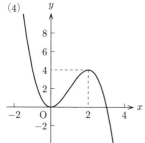

(5)
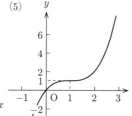

(6)
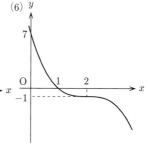

問 6.6　はじめに増減表を求める. グラフは最後にまとめて描いた.

(1) $y' = 4x^3 - 4x = 4x(x+1)(x-1)$ より, $y' = 0$ は $x = 0, \pm 1$ のとき.

x	$\cdots$	-1	$\cdots$	0	$\cdots$	1	$\cdots$
y'	$-$	0	$+$	0	$-$	0	$+$
y	$\searrow$	0	$\nearrow$	1	$\searrow$	0	$\nearrow$

(2) $y' = -x^3 + 4x = -x(x+2)(x-2)$ より, $y' = 0$ は $x = 0, \pm 2$ のとき.

x	$\cdots$	-2	$\cdots$	0	$\cdots$	2	$\cdots$
y'	$+$	0	$-$	0	$+$	0	$-$
y	$\nearrow$	5	$\searrow$	1	$\nearrow$	5	$\searrow$

(3) $y' = 12x^3 - 12x^2 = 12x^2(x-1)$ より, $y' = 0$ は $x = 0, 1$ のとき.

x	$\cdots$	0	$\cdots$	1	$\cdots$
y'	$-$	0	$-$	0	$+$
y	$\searrow$	-1	$\searrow$	-2	$\nearrow$

(4) $y' = -12x^3 - 12x^2 = -12x^2(x+1)$ より, $y' = 0$ は $x = -1, 0$ のとき.

x	$\cdots$	-1	$\cdots$	0	$\cdots$
y'	$+$	0	$-$	0	$-$
y	$\nearrow$	6	$\searrow$	5	$\searrow$

(1)
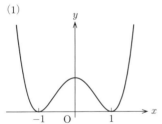

(2)
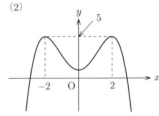

(3)
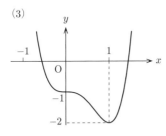

(4)
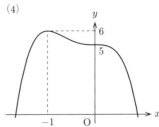

問 **6.7** (1), (2) の関数のグラフは下のとおり.

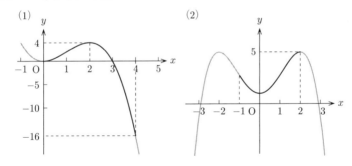

(1) $x = 2$ のとき 最大値 4, $x = 4$ のとき 最小値 -16.

(2) $x = 2$ のとき最大値 5, $x = 0$ のとき 最小値 1.

第 7 章 積分

問 **7.1**

(1) $\dfrac{1}{3}x^3 + C$ (2) $\dfrac{1}{4}x^4 + C$ (3) $\dfrac{3}{4}x^{\frac{4}{3}} + C$ (4) $4x^{\frac{1}{4}} + C$

(5) $\dfrac{2}{3}x^{\frac{3}{2}} + C$ (6) $\dfrac{5}{7}x^{\frac{7}{5}} + C$ (7) $-\dfrac{1}{x} + C$ (8) $2x^{\frac{1}{2}} + C$

(9) $-3x + C$ (10) $\sqrt{5}x + C$

問 7.2

(1) $-x^2 + C$

(2) $-6x^{-\frac{1}{2}} + C$

(3) $x^2 - \dfrac{1}{2}x + C$

(4) $\dfrac{1}{3}x^3 + x^2 + 3x + C$

(5) $-\dfrac{2}{3}x^3 + \dfrac{5}{2}x^2 + x + C$

(6) $\dfrac{1}{9}x^3 + \dfrac{1}{2}x + \dfrac{1}{2}x^{-2} + C$

(7) $\dfrac{5}{4}x^4 + \dfrac{1}{3}x^3 - \dfrac{3}{2}x^2 + C$

(8) $-x^{-2} - x^{-1} + C$

(9) $-\dfrac{3}{2}x^{-2} + 2x^{-1} + C$

(10) $3x^2 - x^{\frac{1}{2}} + C$

(11) $\dfrac{1}{3}x^{\frac{3}{2}} + \dfrac{2}{5}x^{\frac{5}{2}} + C$

(12) $\dfrac{3}{4}x^{\frac{4}{3}} - 6x^{\frac{1}{3}} + C$

(13) $-2x^{-\frac{1}{2}} + 2x^{-1} + C$

(14) $\dfrac{2}{3}x^{\frac{3}{2}} + 2x + 2x^{\frac{1}{2}} + C$

問 7.3

(1) 0　　(2) $\dfrac{7}{6}$　　(3) $\dfrac{3}{8}$　　(4) 12　　(5) 2　　(6) $\dfrac{38}{3}$

(7) $\dfrac{5}{7}$　　(8) $\dfrac{32\sqrt{2}-4}{7}$　　(9) $\dfrac{8}{225}$　　(10) $\dfrac{1}{6}$　　(11) 2　　(12) $4\sqrt{3}-4$

問 7.4

(1) $\dfrac{4}{3}$　　(2) -6　　(3) -4　　(4) $\dfrac{14}{3}$　　(5) $-\dfrac{34}{3}$　　(6) 56

(7) $-\dfrac{343}{6}$　　(8) $-\dfrac{3}{4}$　　(9) $\dfrac{7}{8}$　　(10) $\dfrac{3}{2}$　　(11) $-\dfrac{58-32\sqrt{2}}{3}$　　(12) 10

問 7.5

(1) -4　　(2) $\dfrac{32}{3}$　　(3) 42　　(4) 0　　(5) $\dfrac{55}{6}$

問 7.6　　各領域の面積（下の図を参照のこと）の値は下のとおり.

(1) 16　　(2) $\dfrac{11}{6}$　　(3) $\dfrac{9}{8}$　　(4) $\dfrac{4}{3}$

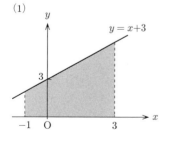

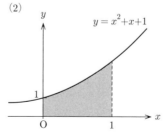

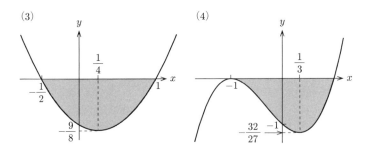

問 7.7 面積を求める領域を次ページに示す.

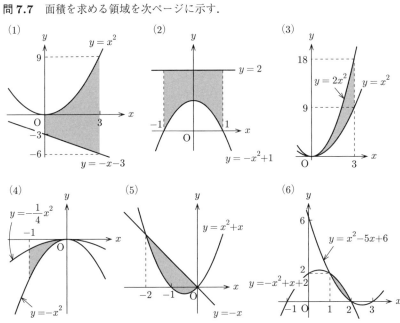

各領域の面積の値は下のとおり.

(1) $\dfrac{45}{2}$　(2) $\dfrac{8}{3}$　(3) 9　(4) $\dfrac{1}{4}$　(5) $\dfrac{4}{3}$　(6) $\dfrac{1}{3}$

問 7.8

(1) $\dfrac{17\sqrt{17}}{24}$　(2) $\dfrac{9}{2}$　(3) $\dfrac{1}{2}$　(4) $\dfrac{125}{6}$

問 7.9

(1) $\dfrac{1}{2}$　(2) $\dfrac{37}{12}$　(3) $\dfrac{71}{6}$　(4) 8

第8章 ベクトル

問 8.1

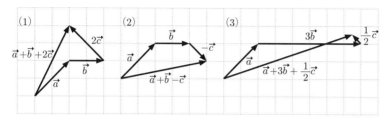

問 8.2

(1) $-2\vec{a}$ (2) $2(\vec{a}+\vec{b})$ (3) $2\vec{a}+\vec{b}$

問 8.3

(1) $3\vec{a}+5\vec{b}$ (2) $-\vec{a}-7\vec{b}$ (3) $-\dfrac{1}{6}\vec{a}$

問 8.4 各ベクトルの成分表示と大きさは次のとおり.

(1) $\begin{bmatrix} 2 \\ 6 \end{bmatrix}$, $2\sqrt{10}$ (2) $\begin{bmatrix} 14 \\ 2 \end{bmatrix}$, $10\sqrt{2}$ (3) $\begin{bmatrix} -\dfrac{3}{2} \\ -\dfrac{1}{3} \end{bmatrix}$, $\dfrac{\sqrt{85}}{6}$

問 8.5

(1) $\overrightarrow{OB} = \begin{bmatrix} 4 \\ 1 \end{bmatrix}$, $|\overrightarrow{OB}| = \sqrt{17}$ (2) $\overrightarrow{AB} = \begin{bmatrix} 2 \\ 4 \end{bmatrix}$, $|\overrightarrow{AB}| = 2\sqrt{5}$

(3) $\overrightarrow{AO} = \begin{bmatrix} -2 \\ 3 \end{bmatrix}$, $|\overrightarrow{AO}| = \sqrt{13}$

問 8.6

(1) $\overrightarrow{AB} \cdot \overrightarrow{BC} = 2$ (2) $\overrightarrow{AB} \cdot \overrightarrow{CD} = -2$ (3) $\mathrm{AB} \cdot \overrightarrow{DF} = -6$
(4) $\overrightarrow{AB} \cdot \overrightarrow{DE} = -4$

問 8.7

(1) $\vec{a} \cdot \vec{b} = -4$
(2) $\vec{a} \cdot \vec{b} = \cos\dfrac{\pi}{4}\cos\dfrac{\pi}{12} - \sin\dfrac{\pi}{4}\sin\dfrac{\pi}{12} = \cos\left(\dfrac{\pi}{4} + \dfrac{\pi}{12}\right) = \dfrac{1}{2}$

問 8.8

(1) $|\vec{a}+\vec{b}| = 5\sqrt{2}$ (2) $|\vec{a}-\vec{b}| = \sqrt{30}$ (3) $|\vec{a}-3\vec{b}| = \sqrt{42}$

問 8.9

(1) $\theta = 60°$ (2) $\theta = 90°$ (3) $\theta = 120°$ (4) $\theta = 180°$

問 8.10

(1) $\begin{bmatrix} \pm 6 \\ \mp 8 \end{bmatrix}$ （複号同順）　　　(2) $\begin{bmatrix} \pm\dfrac{4}{5} \\ \pm\dfrac{3}{5} \end{bmatrix}$ （複号同順）

問 8.11 a

(1) 媒介変数表示は $\begin{cases} x = 5 + 2t \\ y = -1 + t \end{cases}$, 　x と y の式は $x - 2y = 7$

(2) 媒介変数表示は $\begin{cases} x = 1 + 3t \\ y = \quad -t \end{cases}$, 　x と y の式は $x + 3y = 1$

問 8.11 b　方向ベクトルは $\overrightarrow{AB} = (-3, 1)$, 点 A を通る直線の式は $\begin{cases} x = 1 - 3t \\ y = 3 + t \end{cases}$,
x と y の式は $x + 3y = 10$.

第 9 章　行列

問 9.1

(1) $(x', y') = (4, 1)$　　　(2) $(x', y') = (1, 1)$　　　(3) $(x', y') = (\dfrac{3}{2}, \dfrac{1}{2})$

問 9.2

(1) 1 次変換でない

(2) $a = 0, b = 1, c = 0, d = 1$ のときに該当する 1 次変換

(3) $a = \dfrac{1}{2}, b = \dfrac{1}{2}, c = \dfrac{1}{2}, d = -\dfrac{1}{2}$ のときに該当する 1 次変換

問 9.3　$\begin{bmatrix} 0 & 1 \\ 0 & 1 \end{bmatrix}$

問 9.4 a

(1) $\begin{bmatrix} -5 \\ -7 \end{bmatrix}$　　(2) $\begin{bmatrix} 4 \\ 3 \end{bmatrix}$　　(3) $\begin{bmatrix} 0 \\ 0 \end{bmatrix}$　　(4) $\begin{bmatrix} 2 \\ -5 \end{bmatrix}$

問 9.4 b　$\begin{bmatrix} x' \\ y' \end{bmatrix} = \begin{bmatrix} 1 & 0 \\ 0 & 1 \end{bmatrix}\begin{bmatrix} x \\ y \end{bmatrix} = \begin{bmatrix} 1 \cdot x + 0 \cdot y \\ 0 \cdot x + 1 \cdot y \end{bmatrix} = \begin{bmatrix} x \\ y \end{bmatrix}$.

問 9.5 a

(1) 求める行列を $A = \begin{bmatrix} a & b \\ c & d \end{bmatrix}$ とおくと, $\begin{cases} a + 0 = 6 \\ c + 0 = 5 \end{cases}, \begin{cases} 0 + b = 4 \\ 0 + d = 8 \end{cases}$ を

みたすから, $a = 6, b = 4, c = 5, d = 8$. よって $A = \begin{bmatrix} 6 & 4 \\ 5 & 8 \end{bmatrix}$

(2)　求める行列を $A = \begin{bmatrix} a & b \\ c & d \end{bmatrix}$ とおくと，$\begin{cases} a+2b = 3 \\ c+2d = 5 \end{cases}$, $\begin{cases} 3a+5b = 1 \\ 2c+5d = 2 \end{cases}$

をみたすから，$a = -13, b = 8, c = -21, d = 13$. よって $A = \begin{bmatrix} -13 & 8 \\ -21 & 13 \end{bmatrix}$

問 9.5 b　求める行列を $A = \begin{bmatrix} a & b \\ c & d \end{bmatrix}$ とおくと，

(1)　$\begin{cases} 3a+2b = 0 \\ 3c+2d = 1 \end{cases}$, $\begin{cases} a+3b = -7 \\ c+3d = 5 \end{cases}$ より $A = \begin{bmatrix} 2 & -3 \\ -1 & 2 \end{bmatrix}$

(2)　$\begin{cases} 5a-b = 5 \\ 5c-d = -1 \end{cases}$, $\begin{cases} 4a+9b = 4 \\ 4c+9d = 9 \end{cases}$ より $A = \begin{bmatrix} 1 & 0 \\ 0 & 1 \end{bmatrix}$

(3)　$\begin{cases} 2a-b = 0 \\ 2c-d = -1 \end{cases}$, $\begin{cases} a+2b = 0 \\ c+2d = 2 \end{cases}$ より $A = \begin{bmatrix} 0 & 0 \\ 0 & 1 \end{bmatrix}$

問 9.6　(2,3) 成分は v，u は (2,1) 成分.

問 9.7　$x = 1, y = 1, u = -5, v = 12$.

問 9.8

(1)　$\begin{bmatrix} 2 & 4 & -10 \\ 8 & 0 & 6 \end{bmatrix}$　　(2)　$\begin{bmatrix} \dfrac{1}{2} & 1 & -\dfrac{5}{2} \\ 2 & 0 & \dfrac{3}{2} \end{bmatrix}$　　(3)　$\begin{bmatrix} -1 & -2 & 5 \\ -4 & 0 & -3 \end{bmatrix}$

(4)　$\begin{bmatrix} 0 & 0 & 0 \\ 0 & 0 & 0 \end{bmatrix}$　　(5)　$\begin{bmatrix} 3 & 8 & -5 \\ 5 & 2 & 4 \end{bmatrix}$　　(6)　$\begin{bmatrix} -1 & -4 & -5 \\ 3 & -2 & 2 \end{bmatrix}$

(7)　$\begin{bmatrix} 0 & -2 & -10 \\ 7 & -2 & 5 \end{bmatrix}$　　(8)　$\begin{bmatrix} 7 & 18 & -15 \\ 14 & 4 & 11 \end{bmatrix}$

問 9.9

(1)　$6 \cdot 2 + 1 \cdot 3 = 15$　　(2)　$1 \cdot x - 3 \cdot y = x - 3y$

(3)　$1 \cdot 3 + 1 \cdot 0 + 2 \cdot 4 = 11$

問 9.10

(1)　$\begin{bmatrix} 4 \\ 9 \end{bmatrix}$　　(2)　$\begin{bmatrix} -3 & 13 \end{bmatrix}$　　(3)　$\begin{bmatrix} 3 & 5 \\ 10 & 15 \end{bmatrix}$　　(4)　$\begin{bmatrix} 11 & 9 \\ 19 & 9 \end{bmatrix}$

問 9.11

(1)　$\det(A) = 1$ であり，$A^{-1} = \begin{bmatrix} 3 & -1 \\ -5 & 2 \end{bmatrix}$,

$AA^{-1} = \begin{bmatrix} 2 \cdot 3 + 1 \cdot (-5) & 2 \cdot (-1) + 1 \cdot 2 \\ 5 \cdot 3 + 3 \cdot (-5) & 5 \cdot (-1) + 3 \cdot 2 \end{bmatrix} = \begin{bmatrix} 1 & 0 \\ 0 & 1 \end{bmatrix}$, $A^{-1}A$ も同様.

(2) $\det(A) = 2$ であり，$A^{-1} = \dfrac{1}{2} \begin{bmatrix} 3 & 2 \\ 5 & 4 \end{bmatrix} = \begin{bmatrix} \dfrac{3}{2} & 1 \\ \dfrac{5}{2} & 2 \end{bmatrix}$,

$$AA^{-1} = \begin{bmatrix} 4 \cdot \dfrac{3}{2} - 2 \cdot \dfrac{5}{2} & 4 \cdot 1 - 2 \cdot 2 \\ -5 \cdot \dfrac{3}{2} + 3 \cdot \dfrac{5}{2} & -5 \cdot 1 + 3 \cdot 2 \end{bmatrix} = \begin{bmatrix} 1 & 0 \\ 0 & 1 \end{bmatrix}, \qquad A^{-1}A \text{ も同様.}$$

(3) $\det(A) = 28$ であり，$A^{-1} = \dfrac{1}{28} \begin{bmatrix} 7 & 0 \\ 1 & 4 \end{bmatrix} = \begin{bmatrix} \dfrac{1}{4} & 0 \\ \dfrac{1}{28} & \dfrac{1}{7} \end{bmatrix}$,

$$AA^{-1} = \begin{bmatrix} 4 \cdot \dfrac{1}{4} - 0 \cdot \dfrac{1}{28} & 4 \cdot 0 + 0 \cdot \dfrac{1}{7} \\ -1 \cdot \dfrac{1}{4} + 7 \cdot \dfrac{1}{28} & -1 \cdot 0 + 7 \cdot \dfrac{1}{7} \end{bmatrix} = \begin{bmatrix} 1 & 0 \\ 0 & 1 \end{bmatrix}, \qquad A^{-1}A \text{ も同様.}$$

問 9.12

(1) $a = \dfrac{2}{3}$　　(2) $a = -\dfrac{3}{2}, b = 10$

(3) $\det \begin{bmatrix} 1 & 5 \\ -2 & 4 \end{bmatrix} \neq 0$ より $\begin{bmatrix} 1 & 5 \\ -2 & 4 \end{bmatrix}$ は零因子ではない．

よって与えられた等式をみたす a の値はない．

問 9.13 $g \circ f, f \circ g$ を表す行列はそれぞれ次のとおり．

(1) $BA = \begin{bmatrix} -4 & 3 \\ 7 & -3 \end{bmatrix}, AB = \begin{bmatrix} 2 & 3 \\ -3 & -9 \end{bmatrix}$

(2) $BA = \begin{bmatrix} 0 & 2 \\ 0 & 3 \end{bmatrix}, AB = \begin{bmatrix} 0 & 5 \\ 0 & 3 \end{bmatrix}$

問 9.14

(1) $A^{-1} = \begin{bmatrix} 1 & 0 \\ 2 & 1 \end{bmatrix}, \begin{bmatrix} x \\ y \end{bmatrix} = A^{-1} \begin{bmatrix} 2 \\ 1 \end{bmatrix} = \begin{bmatrix} 2 \\ 5 \end{bmatrix}$

(2) $A^{-1} = \begin{bmatrix} 1 & -1 \\ 0 & 1 \end{bmatrix}, \begin{bmatrix} x \\ y \end{bmatrix} = A^{-1} \begin{bmatrix} 2 \\ 1 \end{bmatrix} = \begin{bmatrix} 1 \\ 1 \end{bmatrix}$

問 9.15

(1) y 軸全体　　(2) 直線 $y = -x$ 全体　　(3) 直線 $y = 3x$ 全体

問 9.16

(1) 直線 $y = \dfrac{1}{2}$ 全体　　(2) 直線 $y = x + 3$ 全体

問 9.17

(1) $\begin{bmatrix} \dfrac{\sqrt{3}}{2} & -\dfrac{1}{2} \\[2mm] \dfrac{1}{2} & \dfrac{\sqrt{3}}{2} \end{bmatrix}$, $\begin{bmatrix} -\sqrt{3}-3 \\ -1+3\sqrt{3} \end{bmatrix}$　(2) $\begin{bmatrix} \dfrac{1}{\sqrt{2}} & -\dfrac{1}{\sqrt{2}} \\[2mm] \dfrac{1}{\sqrt{2}} & \dfrac{1}{\sqrt{2}} \end{bmatrix}$, $\begin{bmatrix} -4\sqrt{2} \\ 2\sqrt{2} \end{bmatrix}$

(3) $\begin{bmatrix} -\dfrac{\sqrt{3}}{2} & \dfrac{1}{2} \\[2mm] -\dfrac{1}{2} & -\dfrac{\sqrt{3}}{2} \end{bmatrix}$, $\begin{bmatrix} \sqrt{3}+3 \\ 1-3\sqrt{3} \end{bmatrix}$　(4) $\begin{bmatrix} 0 & 1 \\ -1 & 0 \end{bmatrix}$, $\begin{bmatrix} 6 \\ 2 \end{bmatrix}$

(5) $\begin{bmatrix} \dfrac{\sqrt{3}}{2} & \dfrac{1}{2} \\[2mm] -\dfrac{1}{2} & \dfrac{\sqrt{3}}{2} \end{bmatrix}$, $\begin{bmatrix} -\sqrt{3}+3 \\ 1+3\sqrt{3} \end{bmatrix}$

問 9.18 a

(1) $A^3 = \begin{bmatrix} \cos 45^\circ & -\sin 45^\circ \\ \sin 45^\circ & \cos 45^\circ \end{bmatrix} = \begin{bmatrix} \dfrac{1}{\sqrt{2}} & -\dfrac{1}{\sqrt{2}} \\[2mm] \dfrac{1}{\sqrt{2}} & \dfrac{1}{\sqrt{2}} \end{bmatrix}$

(2) $(A^{-1})^4 = \begin{bmatrix} \cos(-60^\circ) & -\sin(-60^\circ) \\ \sin(-60^\circ) & \cos(60^\circ) \end{bmatrix} = \begin{bmatrix} \dfrac{1}{2} & \dfrac{\sqrt{3}}{2} \\[2mm] -\dfrac{\sqrt{3}}{2} & \dfrac{1}{2} \end{bmatrix}$

(3) $A^6 = \begin{bmatrix} \cos 90^\circ & -\sin 90^\circ \\ \sin 90^\circ & \cos 90^\circ \end{bmatrix} = \begin{bmatrix} 0 & -1 \\ 1 & 0 \end{bmatrix}$

(4) $A^{12} = \begin{bmatrix} \cos 180^\circ & -\sin 180^\circ \\ \sin 180^\circ & \cos 180^\circ \end{bmatrix} = \begin{bmatrix} -1 & 0 \\ 0 & -1 \end{bmatrix}$

(5) $A^{24} = \begin{bmatrix} \cos 360^\circ & -\sin 360^\circ \\ \sin 360^\circ & \cos 360^\circ \end{bmatrix} = \begin{bmatrix} 1 & 0 \\ 0 & 1 \end{bmatrix}$

問 9.18 b

$$BA = \begin{bmatrix} \cos\beta & -\sin\beta \\ \sin\beta & \cos\beta \end{bmatrix}\begin{bmatrix} \cos\alpha & -\sin\alpha \\ \sin\alpha & \cos\alpha \end{bmatrix}$$

$$= \begin{bmatrix} \cos\beta\cos\alpha - \sin\beta\sin\alpha & -\cos\beta\sin\alpha - \sin\beta\cos\alpha \\ \sin\beta\cos\alpha + \cos\beta\cos\alpha & -\sin\beta\sin\alpha + \cos\beta\cos\alpha \end{bmatrix}$$

$$= \begin{bmatrix} \cos(\beta+\alpha) & -\sin(\beta+\alpha) \\ \sin(\beta+\alpha) & \cos(\beta+\alpha) \end{bmatrix}$$

索　引

著　者

橋口　秀子　　千葉工業大学工学部

星野　慶介　　千葉工業大学工学部

山田　宏文　　千葉工業大学情報科学部

数学入門

2003 年 3 月 30 日	第 1 版	第 1 刷	発行
2006 年 3 月 30 日	第 1 版	第 4 刷	発行
2007 年 3 月 30 日	第 2 版	第 1 刷	発行
2007 年 12 月 20 日	第 3 版	第 1 刷	発行
2020 年 3 月 30 日	第 3 版	第 11 刷	発行

著　者　　橋口秀子

星野慶介

山田宏文

発行者　　発田和子

発行所　　株式会社　学術図書出版社

〒113-0033　東京都文京区本郷 5 丁目 4 の 6

TEL 03-3811-0889　振替 00110-4-28454

印刷　三松堂（株）

定価はカバーに表示してあります.